數學是最好的人生指南

從幾何學習做事效率、
混沌理論掌握不比較的優勢、用賽局理論與人合作⋯⋯
在46個數學概念的假設、探索與迷失中，經驗美與人生

蘇珊‧達格斯提諾 Susan D'Agostino 著　畢馨云 譯

How to Free
Your Inner Mathematician
Notes on Mathematics and Life

獻給艾斯特班，
我因為討論數學而愛上的人

致謝

　　我的先生艾斯特班‧魯本斯（Esteban Rubens）在我情緒低落時支持鼓勵我，每次有所成就時也在我身旁慶祝，我很感激人生中有他陪伴。我的孩子 Marco 和 Sophia，每天都以他們的求知欲和全心全意投入生活激勵著我，我喜歡當他們的媽媽。

　　我的親手足 Jeanne Thompson 和 John D'Agostino，在我們尋找並找到自己的路、撫養孩子、幫助父母面對生命盡頭時，提供了親情支持。我還要感謝我的父母 Maureen 和 Vito，我先生的父母 Delia 和 Miguel，我的姊妹 Liz 和 Mary，以及我的教父母 Maureen 和 Michael。

　　Melissa Bierstock 長年來情同手足的情誼和關愛。我也要感謝在我的人生和數學歷程的重要時刻提供友情與支持的每個人，包括 Marie-Pierre Astier、Mary Backlund、Barry Balof、Betsy 和 Stephen Bogdanffny、Amy Buchmann、Sarah Bryant、Allison Cummings、Rachelle DeCoste、Emily Dryden、Karen Erickson、Geannina Esquivel、Michelle Guinn、Leona Harris、Annie Hill、Bonnie Marcus、Sandy Mikolaities、Shelley Morgan、Martha Parker、Paul Paquette、Daphne Ross、Corina

Tanasa 及 Deborah Varat。

　　我要感謝那些針對我的原稿提供回饋意見的人，包括John D'Agostino、Nancy Lord、Dave Mikolaities、John O'Brien、Esteban Rubens、Sophia Rubens 和 Dan Taber。謝謝 Marco Rubens 全年無休，在電腦和繪圖應用程式 sketchpad 方面提供的技術協助。還要感謝 Barbara Couch、Karen Erickson、Katherine Towler 和 Josh Zinn 試讀初稿。

　　我的學校不但影響了今天的我，也塑造了這本書；謝謝巴德學院（Bard College）、史密斯學院（Smith College）、達特茅斯學院（Dartmouth College）和約翰霍普金斯大學。還要感謝 EDGE 計畫、科學寫作促進委員會（Council for the Advancement of Science Writing）和海德堡桂冠論壇基金會（Heidelberg Laureate Forum Foundation）的財務與精神支持。

　　我很感激我的數學良師，我跟他們都很親近：達特茅斯學院的 Carolyn Gordon、David Webb 和 Tom Shemanske；史密斯學院的 Christophe Golé、Ruth Haas、Jim Henle 和 Patricia Sipe；史貝爾曼學院的 Sylvia Bozeman；布林馬爾學院的 Rhonda Hughes；波摩納學院的 Ami Radunskaya；巴德學院的 Ethan Bloch、Peter Dolan 和 Mark Halsey。

　　感謝那些協助我鼓起勇氣展開寫作人生的寫作良師：Craig Childs、Amy Irvine、Jo Knowles、Nancy Lord、Emily Mullin、Ben Nugent、Mark Sundeen、Katherine Towler 和 Robin Wasserman。

我也要謝謝新罕布夏州的各界領袖給我靈感，我與他們一起推動過州內的數學和科學教育，包括希望基金會（HOPE Foundation）主席Barbara Couch、新罕布夏州社區大學系統（Community College System）校長Ross Gitell、達特茅斯學院教務長暨工程學教授Joseph Helble，新罕布夏州理工數專案小組（STEM Task Force）主持人Martha Parker，以及身兼新罕布夏大學臨時教務長、學術事務副校長和化學工程教授的PT Vasu Vasudevan。

　　無限[1]感謝牛津大學出版社的組稿編輯Dan Taber對我這本書的夢想有信心，也要無限感謝助理組稿編輯Katherine Ward對出版這本書的支持。

　　最後，我要感謝所有教過我如何教數學的學生。

1　這本書的第46章〈要謹慎行事，因為有些無限大比其他更大〉會討論不可數無窮。

目次

前言

11　為什麼會想寫這本書？

14　這本書適合你嗎？

15　你預計會讀到什麼？

第 1 部：身體層次的數學

20　1. 如週期蟬般打亂常規

24　2. 像沃羅諾伊圖一樣，朝可達到的方向發展

29　3. 信賴自己的推理能力，因為把紙對摺很多次可能就會碰到月球

36　4. 鑑於亞羅不可能定理，自己定義什麼是成功

44　5. 像凱薩琳・強森一樣志向遠大

53　6. 找出合適的配對，就如二進位數要和電腦配對

59　7. 行為自然，因為班佛定律

63　8. 不要比較，因為混沌理論

68　9. 學學阿基米德，環顧周遭動靜

72　10. 演練問題，就像走在柯尼斯堡七橋上

82　11. 用紐結理論解開問題

90　12. 考慮所有的選項，因為兩點之間的最短路徑未必是直線

95　13. 尋找美，因為費波納契數

98　14. 分而治之，就像微積分裡的黎曼和

107　15. 想想非歐幾何，那就欣然接受改變吧

111　16. 想想鴿籠原理，那就採取較簡單的思路吧

115　17. 做出有根據的猜測，就像克卜勒提出堆球猜想一樣

119　18. 按照自己的步調前行，因為有終端速度

123　19. 注意細節，就像地球是個扁球體

127　20. 來加入社群，儘管有希爾伯特的 23 個問題

第 2 部：心智層次的數學

I34 21. 找志趣相投的數學伙伴，因為孿生質數猜想

I39 22. 捨棄完美主義吧，因為毛球定理

I45 23. 享受追求目標的樂趣，就像懷爾斯樂在求證費馬最後定理一樣

I50 24. 設計屬於自己的圖樣，因為潘洛斯鑲嵌圖樣

I58 25. 盡量保持簡單，因為 0.999... = 1

I60 26. 用維維亞尼定理，改變思考的角度

I66 27. 在莫比烏斯帶上探險

I73 28. 要好辯，因為質數無窮多

I79 29. 可能的話就合作，因為賽局理論

I84 30. 考慮人跡鮮少的路，因為約當曲線定理

I93 31. 探究一番，因為黃金矩形

203 32. 就像調和級數會無限制增大，小步進展也不錯

208 33. 學學具有二十面體對稱性的噬菌體，做事要有效率

2I7 34. 尋求平衡，就像在編碼理論中那樣

223 35. 畫個圖，就像在無字證明當中一樣

227 36. 納入細部變化，因為模糊邏輯

234 37. 有解就要心存感激，因為布羅威爾定點定理

240 38. 運用貝氏統計學，更新你的理解

245 39. 不要有先入之見，因為虛數存在

249 40. 隨機漫步，體驗過程

253 41. 要更常失敗，就像愛因斯坦提出 $E = mc^2$ 時的際遇

第 3 部：靈性層次的數學

259　42. 在克萊因瓶上失去方向感

267　43. 走到你的經驗範圍之外，在超立方體上

274　44. 順從你的好奇心，沿著空間填充曲線前行

281　45. 用分數維訓練你的想像力

290　46. 要謹慎行事，因為有些無限大比其他更大

結語

303　這是你的數學旅程尾聲、中途還是起始？

304　接下來可往哪裡去？

308　**解答**

355　**參考資料**

前言

————

為什麼會想寫這本書？

　　我要招認一件事：我高中時有一次微積分考試不及格，就放棄修數學了。當時我認為，我最美好的數學時光已經過去了。我大學時修人類學和電影，同時在紐約州哈德遜谷（Hudson River Valley）的農場擠牛奶打工（我沒有去暑期數學實習）。大學畢業後，我走遍北美和南美，參觀學校，替母校面試學生。我大學畢業後住在另一座養了 42,000 隻雞的農場，不過也在修道所待了很長的時間，修習瑜伽哲學和實踐，在整個過程中我一直守著一個祕密：我渴望學更多數學。

　　每週四晚上沒去旅行的時候，我會和友人梅麗莎（她四歲就開始跳舞）一起弄晚餐。我們一邊吃著糙米飯和當地蔬菜搭配中東芝麻淋醬，一邊規畫人生的下一步。梅麗莎很懂得追求創意和夢想，於是我把自己的祕密告訴她。

　　「如果你從農場主人和瑜伽老師身上學到的辛勤和堅持對你的數學學習有幫助，那不是很好嗎？」梅麗莎大聲問我。這個想

法很有趣。在農場上，我應付過乾旱、蟲害、設備故障和農作物病害，但還是持續在迷人的環境中收割甘美多汁的草莓、口味強烈的切達乳酪、鮮嫩的蘆筍、新鮮的雞蛋和脆生爽口的蘋果。練瑜伽的時候，我把身體扭成半蓮花站立式、犁式和鷹式，全都是為了理解平衡、肌力與呼吸。

　　雖然我已經將近十年沒翻開數學書，也沒有踏進數學課堂，我還是報名了微積分預備課程。一邊工作一邊進修大學數學系的同等學力，需要好幾年，隨後又在達特茅斯學院（Dartmouth College）花了好幾年讀研究所，才拿到數學博士學位。在那段時間和接下來幾年，我談了戀愛，結了婚，生了兩個孩子，父母親離世。我在高中和大學教數學，還擔任本州州長的數學教育顧問，而這讓我有機會跟本州及外州許許多多小學、初中、高中和大學的學生、老師及行政人員討論這個科目。我離開教職，去擔任某本數學研究論文集的主編，還受邀在德國舉辦的海德堡桂冠論壇（Heidelberg Laureate Forum）採訪報導菲爾茲獎得主——菲爾茲獎公認是數學界的諾貝爾獎。此外我也坐在餐桌旁，協助我的孩子做完從小學到高中的數學功課。在這段期間，我生了一場大病，然後承受了很長一段沒辦法走路的日子，而且不保證我能重新走路（謝天謝地，我今天可以走動了）。伯特蘭・羅素（Bertrand Russell）曾寫道：「在人類世界看似缺乏安慰時，數學和繁星給了我慰藉。」他可能是在預示我的人生之路，因為不管在絕望還是快樂的時光，數學一直陪伴著我。

　　我的經驗對於個人、家庭、地方、全國和跨國的數學志向，

提供了不尋常的觀點。數學讓我的人生充滿了意義，我每天都滿懷感激，包括我自己的數學思考卡住的那些日子。儘管在繼續攻讀數學的過程中偶爾會被他人潑冷水或騷擾，但我更常受到一個超越時間、頌揚抽象批判性思考的社群鼓舞。我不會為宣揚數學道歉認錯，每個人都有數學思考的能力，每個人都有突出的、尚未開發的數學潛能。在我自己的數學生涯，以及我的孩子和學生、我這州的居民和國民、我在世界各地訪問過的學校的學生、我出版過論文的數學家，和我訪談過的菲爾茲獎得主的數學生涯中，我見證了一個共通的話題：在數學上，好奇心、渴望與堅持比天賦更重要。

　　和學經歷不同的人聊到數學時，我注意到另一個共同的話題。大多數人對這個科目有強烈的感覺，要麼很喜歡，要不然就很討厭，但往往連那些自稱討厭數學的人都會很快補上一句：「我在……之前也是很喜歡數學的。」他們的觀感之所以從正面轉變成負面，原因和數學本身幾乎無關。沒有人說：「第四個維度的觀念冒犯我了。」或說：「無限大居然還有分大小，我從哲學的角度反對這種事。」恰恰相反，自稱不喜歡數學的人多半很快就會講出讓他們「放棄」數學的那一刻，彷彿昨天才發生似的。對有些人來說，比如年輕時的我，是在某一次數學考試不及格之後，對有些人來說，是因為朋友、父母、導師或老師對他們的數學潛能給了難聽的評語，而把這解讀成是幾乎不加掩飾的數學解雇通知。還有一些人回想起某位老師認為沒有必要解釋數學概念，而讓他們當時和未來在數學課的進步就此停止。他們幾乎都補充了

意思類似這樣的一句話:「我一直很敬佩數學很行的人,要是我的數學好一點就好了。」

我應該會把《數學是最好的人生指南》這本書送給年輕的自己——她誤以為一次考不及格就代表自己數學表現最好的時光一去不復返。我也想把這本書送給凡是說過「我在⋯⋯之前也很喜歡數學」的人。這本書也適合數學愛好者。我從不認為要區分所謂「數學好的人」與所謂「數學不好的人」,不管你是誰,無論你的數學背景如何,這本書都要邀請你來逗留一會,聽聽你自己的數學想法,讓你的注意力轉移到這些想法上。你將會反覆思考形狀、模式、數字和觀念,發現跨出數學領域,走進人生的課題。這是你可以培養或找回個人數學歷程的方式,也是你讓內在數學家不再受約束的方式。

這本書適合你嗎?

如果你對自己正在學習、已經學過或在學校沒有完全學會的數學觀念感到好奇,這本書就很適合你。或許你是喜歡數學的高中生或大學生、脫離數學課很久的上班族(不論這個經驗是正面還是負面),或是一邊協助孩子做數學功課,一邊設法提升數學方面自信的父母。這本書不會提供代數、幾何或微積分的背景資料,也不需要你具備相關的知識。要讀本書,你不用回想任何一個公式,或擔心會用到什麼專業的數學記法。你可能要喜歡閱讀、學習和思考,愛看一些手繪圖,這些圖能促使你了解數字、形狀、模式

和抽象的數學物件。

你要對周遭世界的數學性質感興趣，包括壁紙圖樣、能把橘子堆得最密的方法、地球的形狀、投票制的公平與否，以及查出資料集遭到竄改的方法。你還要有興趣了解可能超出日常生活經驗的觀念，包括四維超立方體、混沌理論和微生物的幾何性質。你應該會想要初步了解賽局理論、編碼理論、微積分、拓樸學等數學分支。儘管這本書提到了數學在工程、生物學、化學、物理、技術或經濟學上有許多實際的應用，你可能會感興趣，但如果某個純理論的數學概念沒有容易認定的實際應用，你也不用過度擔憂。數學家從事數學，通常是把數學當作促進知識發展的一種手段，或者說，如果不是為了發展，就是為了數學提供的樂趣。

你預計會讀到什麼？

你可以在海邊讀這本書，或是端坐在桌前讀它，你以什麼心態親近這本書，比你選擇在哪裡讀及怎麼讀更重要。你應該把偶爾傷傷腦筋看成一種公平交易，可讓你換得有時遲來但往往令人開心的驚奇。沒有哪一章帶有另一章的先備知識，所以不妨按照適合你自己的順序讀各章，如果某一章的標題或圖解吸引你，就儘管先讀那一章吧，或從第 1 章開始，從頭讀到尾。花多少時間讀這本書也不重要，用一星期或一年的時間來讀都可以。

這本書涵蓋的每個數學主題，都可以自成一本書，因此你預期看到的應該是各種主題的入門，而不是深入鑽研幾個主題。這

本書的每一章篇幅都不長，會介紹一個不同的數學概念，也會提供你在數學上堅持下去的不同建議。許多建議不僅適用於數學上的持之以恆，也適用於人生。在各章的最後都有一個題目，讓你趁著解題的機會看看自己理解多少，並實踐這一章所給的建議。需要計算的題目很少，但幾乎每一個都需要跳出傳統思考。如果你在沙灘上看這本書，不妨閉上眼睛，聽聽浪濤聲，思索解題的方法；如果你正襟危坐，在書桌前讀這本書，就拿出鉛筆開始寫下（通常是徒手畫出）你的回答。你會在書末找到這些題目的詳細解答，這些解答往往會繼續討論和說明那一章所談的數學。

這本書的章節分成以下三個部分，大致提示了可預料到的難度。話雖如此，挑戰性通常因人而異，所謂的「困難」數學討論，對某些人來說可能很「容易」，反之亦然。說完了免責聲明，那麼這三個部分就是：

- **第1部：身體層次的數學。**這部分涵蓋的主題，都有大家熟悉或可理解的入口，即使挑戰性會隨著閱讀增加，也可以讓你在一開始有點根基。舉例來說，談到柯尼斯堡七橋的那一章要你想像自己走在一座城市裡，那裡有七座以特定方式排列的橋；談到紐結理論的那一章在討論你可以用繩子打出的那種結；談到計算員兼數學家凱薩琳・強森的那一章，開頭先考慮太空船重返大氣層的過程。即使你以前沒接觸過相關的數學，我相信你已經考慮甚至夢想過，在你有生之年至少去太空旅行一次。

- **第2部：心智層次的數學。**這個部分涵蓋的主題都很吸引人，但挑戰性會比你在第一部感受到的更高。可能是因為我選擇涵蓋的主題要比第一部設定的標準更詳細，或是主題也許從抽象或大家不熟悉的概念開始。就拿毛球定理來說吧（真的有這個數學定理，儘管名字很有趣），它很吸引人，但你必須先了解連續向量場（別擔心，我畫了很多圖幫助你了解）。針對學生質數猜想的討論，會要求你思考那些落在數線偏遠地帶、就像形成小群體的北極居民般的質數對（質數就是除了1和它本身沒有其他因數的數）。由於並非每個人都曾把數字擬人化，因此你可能必須從一開始就思考不熟悉的事物。

- **第3部：靈性層次的數學。**這部分涵蓋的主題達到了數學抽象化的極致，但也是所有數學中最受崇敬的。你將會在四維的克萊因瓶上散步，走回起點，結果發現自己變成頭下腳上。你將會透過一個論證，證明有些無限大比其他無限大還要大。你也會在腦海中想像某個分數維的物件——因為在紙上根本畫不出來。你還會設法理解空間填充曲線。只要有可能，我都會用大量的圖示讓討論更充實。這些主題需要你全神貫注，但也會帶給你別具意義的知性與靈性回報。

在閱讀的過程中，請拋掉數學就是「套公式算答案」或只是把數字代入公式的想法。要記住，讀數學不像讀小說或報紙，

不妨慢慢讀，停下來想一會，再繼續往下讀。你可以一邊讀，一邊問自己：**這句話我懂了嗎？我可以用自己的話重說一次嗎？重讀一次這句話、這一段或這一頁對我有幫助嗎？我能想出一個例子，甚至兩、三個例子嗎？這張圖和正文有什麼關係？**從表面看，你可能像是在讀書，停下來思考，也許翻回前一頁，拿起筆試著自己畫圖，再讀一些，最後嘗試解一個題目，在大部分的情況下這道題目會讓你回頭再讀一次正文。就像烹飪界鼓勵「慢食」是為了促使大家細細品嚐食物，這本書也要鼓勵「慢讀」，促使大家深度欣賞數學。

　　如果你覺得自己在某一章已經耗太多腦力了，請隨時跳到另一章，讓自己重新啟動，但別忘了再回到先前這個有難度的章節。改天換個心情，用不同的思考角度，再加上在此期間多接觸了一點數學，你可能就會發現自己的腦中已經打開一條新的知識之路。如果你閱讀這本書，與這本書、與你自己和他人進行數學對話，像這樣堅持到底，你就會有茅塞頓開的感覺，這時不妨好好享受靜靜頓悟的一刻。一旦你累積了幾個像這樣的時刻，你內在的數學家就快要自由了。

1

身體層次的數學

1
如週期蟬般打亂常規

所有動物都必須演化，才能通過考驗。顏色鮮豔的箭毒蛙並不好吃，阻止了蛇和其他天敵吃掉牠們。蛾平貼在樹皮上，逃過了飢餓蝙蝠和貓頭鷹的眼睛。豪豬有尖刺，獵豹有速度，臭鼬有噴液，海龜有硬殼——這些全都是對付掠食者的防禦機制。但蟬這種拇指般大的昆蟲，具備什麼自我保護機制呢？蟬飛得笨手笨腳，步行又緩慢，有突出的紅色眼睛和笨重的外形，在樹幹或地面上都很醒目。牠們沒有毒液、尖刺、速度或毒氣，鳥、蝙蝠、哺乳動物甚至魚類在咬下皮薄的蟬的瞬間，可能會感受到愉悅的酥脆口感，接著是餃子般的鬆軟內餡。儘管如此，蟬熬過來了，是怎麼辦到的呢？演化生物學家古爾德（Stephen Jay Gould）告訴我們，蟬有兩種成功的防禦策略：掠食者飽食效應（predator satiation）及質數生命週期 [1]。

「掠食者飽食效應」是個浮誇的術語，用來描述蟬的策略——同一群蟬每隔13年或17年才羽化一次，讓羽化的蟬數量多到掠食者無法應付。這些蟬難得同時羽化，數量龐大但轉瞬即逝，就

會有很多被吃掉，但不是全部，而存活下來的蟬交配繁殖，然後躲進地下13或17年，確保自己的物種能夠生存。

如果蟬的掠食者有能力，可能就會從中學習然後演化，在蟬大批羽化期間繁殖，因為這麼做就可以確保自己的下一代有豐盛、得來容易的食物。但事實並非如此，因為蟬的掠食者生命週期是2到5年，比蟬短得多，遇到蟬大批羽化時的掠食者，在蟬下一次大批羽化時就不在了。就這樣，蟬的更長生命週期成為一種防禦機制。

但6年就已經比蟬的任何一種掠食者的壽命來得長，為什麼蟬沒有演化成6年的生命期呢？假設牠們是活6年，那麼在每次蟬大批羽化時，許多壽命2年或3年的掠食者可能也在（2和3是6的因數）。舉例來說，生命週期為3年的掠食者可能會出現在第3, 6, 9, 12, 15, 18, 21, 24,……年，而生命週期為6年的蟬可能會出現在第6, 12, 18, 24, ……年，換句話說，在這個假想情境下，這隻蟬可能得在每次大批羽化而出時，抵擋這種生命週期3年的掠食者。站在蟬的角度，生命週期長度為6是不太理想的。

對蟬來說，理想的生命週期長度是大於5，但除了1和它本身以外沒有其他因數的數字。也就是說，大於5的質數是蟬的理想生命週期，這樣的數字會讓蟬在大批羽化期間遇到掠食者的機會減到最小。譬如生命週期3年的掠食者會出現在第3, 6, 9, 12, 15, 18, 21, 24, 27, 30, 33, 36, 39, 42, 45, 48, 51,……年，而生命週期17年的蟬會出現在第17, 34, 51,……年，每3×17=51年才會重疊一次。換句話說，生命週期17年的蟬，每隔51年才必須抵

擋這種生命週期3年的掠食者一次──這是個令人嚮往的結果，尤其是跟前面討論過的，更常發生的假想情境做比較。

當然蟬有多種天敵，包括生命週期為2, 3, 4, 5年的掠食者。比起比較短的非質數生命週期，生命週期為17年會讓蟬在任何一次大批羽化期間遇到的天敵數量和種類，更有效率地減到最少。

透過這種方式，蟬承認有挑戰存在，但致力於弄亂牠們的常規，以此當作面對這些挑戰的機制。牠們的內建大質數生命週期，可讓牠們把遇到天敵的機會減到最小，而且在牠們從安全的蟄伏中出土時遇到不同的掠食者。

蟬的生命週期也許會對你從事數學有所影響。試著不定時出沒，打亂常規。在不尋常的時間去圖書館，尋找正式或非正式的數學談話然後加入。即使現在學的不是該主題，也要去聽那堂數學課。跟朋友相約，一邊喝咖啡一邊討論數學，一方面是因為你想分享自己學到的，另一方面是因為朋友可能會針對某個考驗你的概念提出深刻的見解。當你在不同的時間出現，遇到不同的人，你可能會發覺氣氛不一樣，有不一樣的想法。

既定的學習模式雖然會帶來好處，但別忘了「偶爾打亂常規」在演化上的優點。也許你跑得不像獵豹那麼快，味道不如毒箭蛙那麼難吃，偽裝不像蛾那麼好，刺不如豪豬尖，聞起來不如臭鼬，殼沒有烏龜那般硬，然而你可能就像生命週期為質數的蟬一樣，隔一段不尋常的時間才露面，順利發展。

問題1

數學家克里斯提安‧哥德巴赫（Christian Goldbach）1742年寫了一封信給數學家雷翁哈德‧歐拉（Leonhard Euler），在信中聲稱，每個大於或等於4的偶數都可以寫成兩個質數的和。以下是在證明他的說法對前十個大於4的偶數都是對的：

4 = 2＋2

6 = 3＋3

8 = 3＋5

10 = 3＋7

12 = 5＋7

14 = 3＋11

16 = 3＋13

18 = 5＋13

20 = 7＋13

22 = 11＋11

請檢查一下哥德巴赫的說法對接下來十個偶數是否正確。你有沒有看出表示這些質數和的模式？你對哥德巴赫的說法弄懂了多少，還有多少無從理解？你認為哥德巴赫的說法對所有大於4的偶數都是對的嗎？

2

像沃羅諾伊圖一樣，
朝可達到的方向發展

　　糖楓、猢猻木、銀杏、世界爺、龍血樹、槭樹、橡樹、垂柳和蘋果樹，樹冠各具特色，卻又漂亮宜人。一棵樹可能會單獨生長，也可能會長在其他樹之上，樹枝延伸得又遠又廣。有些樹生長在森林中，從落地的種子長出樹苗來，有些樹種植在果園中、人行道上，或牙醫候診室角落的花盆裡。大多數的樹冠起初往四面八方延伸，不會遇到其他樹木或建築物，然而樹木在生長過程中必須經常面對限制條件。某棵樹的樹冠也許被另一棵樹的樹冠擋住了，或是像城市裡的樹，某棟樓房的側面或來往的卡車可能會妨礙某些方向的生長。就連室內的琴葉榕盆栽，有時也必須對付擺放角落的牆壁。

　　如果樹木會感到沮喪，那麼只要有一根樹枝遇到另一棵樹的樹枝、大樓的側面、經過的卡車或牆壁，它們也許就會停止生長。但樹木不會垂頭喪氣，反而會保持愉悅，潛心生長，即使眼前有

障礙。換句話說，它們可能會在遇到障礙的方向停止生長，但在可延伸的方向會繼續生長。

　　生長中的樹木的樹冠，或許可以用沃羅諾伊圖（Voronoi diagram）來建立數學模型。沃羅諾伊圖就是根據「位點」(site)，把二維平面分割成稱為「原胞」(cell) 的區域。原胞用凸多邊形表示，也就是邊為直線、所有內角都小於180°的形狀，而位點用圓點表示。俯視森林裡定速生長的樹木的鳥瞰圖，也許可以用沃羅諾伊圖來描繪；位點是樹幹的中心，而原胞代表各個樹冠的主體。在下列的圖中，最後一張就是根據第一張圖所給的種子分布來描繪的樹冠沃羅諾伊圖：

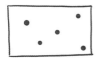

每個圓點都代表一顆林木種子。

種子生長成幼樹，圓圈代表幼樹的樹冠。

樹冠遇到障礙的方向會停止生長，但會往可延伸的方向生長。

樹冠往可生長的空間擴張，形成了沃羅諾伊圖。

沃羅諾伊圖

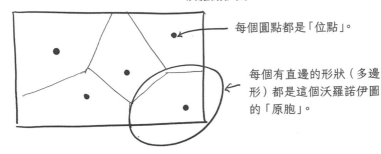

每個圓點都是「位點」。

每個有直邊的形狀（多邊形）都是這個沃羅諾伊圖的「原胞」。

在沃羅諾伊圖中，一個原胞內的任何一點都比其他原胞的位點，更靠近其原胞的位點。位於沃羅諾伊圖界線上的點，和鄰原胞的位點是等距的。

令👁、😐、😀代表人。
令A、B、C、D、E代表樹幹。

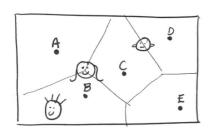

👁 和B樹在同一個原胞裡，所以跟B樹最靠近。

😐 在C和D的邊界上，所以他跟這兩棵樹等距離。

😀 在A、B、C三棵樹所在原胞的交叉處，所以她跟這三棵樹等距離。

沃羅諾伊圖並非只應用於林業建模，最漂亮的沃羅諾伊圖有些就藏在眼皮子底下，等著你去察覺。當地農場品攤位上販售的蜂巢井然有序的六邊形，可以用沃羅諾伊圖來建構模型，位點就放在規則的圖案中。長頸鹿身上的斑點，和蜻蜓翅膀上纖細翅脈勾勒出的細格，也可以用沃羅諾伊圖表示。泥土乾掉後的裂縫構成的那些不規則多邊形呢？對，也是沃羅諾伊圖。

區域規畫人員也會運用沃羅諾伊圖，決定消防局和學校的服務範圍。每個設施都是產生出沃羅諾伊圖的位點，原胞則代表把運送時間縮到最短的最佳服務區域。也就是說，個別消防站服務區域或學區（即原胞）內的居民或學生，住得離他們自己的消防站

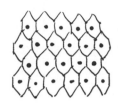

蜂巢也許可用沃羅
諾伊圖來模擬。

長頸鹿身上的斑點也
可以⋯⋯

⋯⋯還有蜻蜓的翅膀。

或學校（即自己的原胞位點）應該會比距離其他消防站或學校更近。

　　就像種子毫無阻礙地生長成樹苗，也許你一開始也能在自己的數學志向與人生目標方面毫無阻礙地成長，但隨著時間流逝，樹苗和你可能會遇到一個或多個障礙，危害到你的進展。每個人總有遇到障礙的時候，而當你遇到了，別讓它阻止你成長。繼續朝你能達到的任何方向發展。最後你可能感覺起來更像是凸多邊形，而不是圓形，但你終會獲得力所能及的最大知識區域。

問題 2

假設你的國家元首決定，每個公民必須住得離他或她自己的州或省的首府比其他州或省的首府還要近。（在全國進入緊急狀態時，居民可能會需要獲取已經運往自己所在行政區首府的勞務或物資，也許就值得這麼做。）畫出你的國家的地圖，標出每個州或地方首府，但省略州或行政區的界線。以首府當作你所畫的沃羅諾伊圖的位點。在完成這個題目的過程中，你必須發展出自己替沃羅諾伊圖畫界線的方法，畫的時候要讓原胞內所有的點距離自己原胞的位點，比距離其他原胞的位點更近。

3
信賴自己的推理能力，因為把紙對摺很多次可能就會碰到月球

一張紙必須對摺幾次，才有辦法碰到月球？你的猜測值接近 40 次嗎？還是 400 次？4,000 次？4 萬次、40 萬次或 400 萬次？現在拿紙試摺幾次，促發你思考。

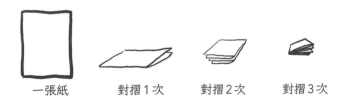

一張紙　　　對摺 1 次　　　對摺 2 次　　　對摺 3 次

如果你試過普通尺寸的筆記本內頁，可能很難摺超過 6 次。部分問題在於，當你摺紙時，摺疊處會愈來愈厚，厚到無法再把

紙對摺。

　　住在加州的布蘭妮・蓋利文（Britney Gallivan）在高中時，她的數學老師要她的班級把紙對摺12次［2］。我們並不清楚蓋利文的數學老師是不是認為那班學生能夠完成這項挑戰，尤其是世界上從來沒有人做過這件事。儘管如此，她還是接下挑戰，並且依靠自己的推理能力。許多人在做這個題目時，會採用多方向的對摺方式，也就是會先把紙張轉九十度再對摺。若採用這種方法，在第一次對摺後，接下來就要沿著已經對摺過的邊對摺了。蓋利文嘗試單方向對摺，也就是所有的摺線是互相平行的。

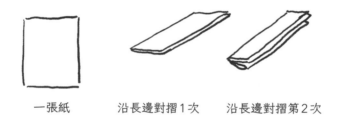

一張紙　　　　沿長邊對摺1次　　　沿長邊對摺第2次

　　蓋利文採用了對摺線平行的摺法，就不用再摺已經對摺過的邊了。然而在單方向的對摺中，每多對摺一次，剩下的表面積就會迅速減少。蓋利文發覺她也許可以從一張比較長的紙開始摺。這時她就想到了像捲筒衛生紙一樣的紙。特別長的矩形，例如一節未拆散的捲筒衛生紙形成的矩形，也許會有足夠的表面積可單方向對摺許多次。

　　布蘭妮・蓋利文的思考過程不是靠複雜的數學，而是依賴她

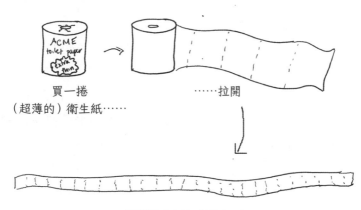

買一捲
（超薄的）衛生紙……

……拉開

……攤開變成超級長的矩形。
注意：此非以正確比例繪製

的推理能力。她嘗試對摺一長條和捲筒衛生紙類似的紙，可能比原先的筆記本大小的紙來得長，但不像整捲衛生紙那麼長。每多做一次對摺，前一次對摺的層數就會乘以2：

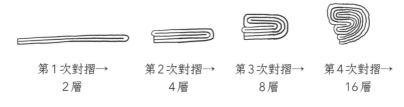

第1次對摺→
2層

第2次對摺→
4層

第3次對摺→
8層

第4次對摺→
16層

注意：為了方便說明，圖中把衛生紙厚度加厚了。

她的試驗讓她明白，如果她一開始是拿非常長的、像捲筒衛生紙一樣的紙，她就有可能如願對摺12次。說得確切些，蓋利文

知道紙的長度決定了可對摺的次數［3］。

　　蓋利文寫出一個公式，算出她需要4,000英尺長的紙才有辦法對摺12次。2002年1月，她找了兩個朋友幫忙，就開始摺紙。八小時後，她成為世上把一張紙對摺8、9、10、11和12次的第一人［4］。她運用推理能力，完成了高中數學老師設下的挑戰，還締造了世界紀錄。

　　為什麼把紙對摺12次需要這麼多紙和這麼多時間？12還不是什麼特別大的數字。再來就是，一張紙必須對摺多少次才能碰到月球呢？不管是採用單方向還是多方向的摺法，紙張對摺出的層數增長情形都是一樣的。下圖是對摺次數增長情形的隨手計算結果：

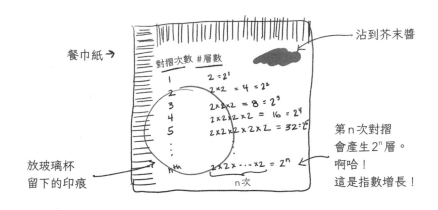

　　每多對摺一次，就會使前一次對摺產生的層數變成2倍。由於變數n出現在指數部分，這種增長就稱為「指數增長」，換句話

說，第 n 次對摺會產生 2^n 層。

若假設一張紙的厚度是 0.0033 英寸左右，你就可以用推理能力繼續解題。對摺 n 次後，這疊紙的厚度會變成：0.0033 英寸厚×2^n 層。既然你是在運用理性思考技能，那就可以把你的想法整理成正式的圖表。譬如考慮對摺次數每增加 10 次的紙張厚度：

對摺次數	厚度（英寸）
10	$0.0033 \times 2^{10} = 3.3792$
20	$0.0033 \times 2^{20} = 3,460.3008$
30	$0.0033 \times 2^{30} = 3,543,348.019$
40	$0.0033 \times 2^{40} = 3,628,388,372$
50	$0.0033 \times 2^{50} = 3,715,469,693,000$

嗯……3,000 英寸或 300 萬英寸有多高呢？這些數字如果換算成比英寸更合理的單位，應該會更有意義。但要怎麼把英寸換算成英尺或英里？你不用背任何公式，只要回想一下或查一查單位換算表：1 英尺等於 12 英寸，1 英里等於 5,280 英尺，所以如果是把英寸換算成英尺，就要除以 12，英尺換算成英里，就除以 5,280。再去拿一張餐巾紙隨手計算一下。可考慮用「約等於」符號，因為近似值就夠了。

對摺紙張的高度增加得很快──對摺 20 次後有 288 英尺（相當於 88 公尺），對摺 50 次後竟增加到超過 5,800 萬英里（相當於 9,334 萬公里）！

月球距離地球大約 238,855 英里（相當於 384,400 公里），因此在

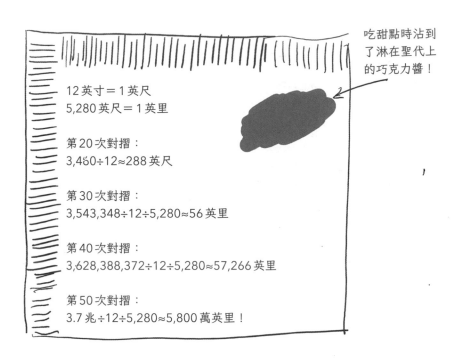

吃甜點時沾到了淋在聖代上的巧克力醬！

12英寸＝1英尺
5,280英尺＝1英里

第20次對摺：
3,460÷12≈288英尺

第30次對摺：
3,543,348÷12÷5,280≈56英里

第40次對摺：
3,628,388,372÷12÷5,280≈57,266英里

第50次對摺：
3.7兆÷12÷5,280≈5,800萬英里！

對摺40到50次時，這疊紙就會碰到月球了。和5,800萬英里（對摺50次的紙張高度）比起來，238,855英里（地月距離）和57,266英里（對摺40次的紙張高度）接近得多，所以預期對摺次數看起來非常接近40次而不是50次。再多做一點計算，就會發現對摺41次後的高度約有229,065英里，快要碰到月球了。然而對摺42次之後，約有458,130英里高，就會到達月球，甚至擦身而過。

想想可能做什麼事。好比說下面這首英文童謠也許就可以把歌詞換成：

Hey diddle diddle（稀奇真稀奇）

The cat and the fiddle（貓咪要學小提琴）

The cow jumped over a piece of paper folded forty-two times（母牛跨過一疊對摺了 42 次的紙；原始歌詞是：*The cow jumped over the moon*）

The little dog laughed（小狗笑了）

To see such fun（看到這麼好玩的事）

And the dish ran away with the spoon.（盤子跟湯匙一起跑掉了）

如果你在孩子睡覺前吟誦這首兒歌，你也可以告訴他們，你對他們的愛就像爬到一疊對摺 42 次的紙那麼高再回來，提醒他們在追尋數學和人生方向一定要靠自己的推理能力。

問題 3

假設你早上 8:00 出門慢跑時，冰箱裡裝著過期、幾乎快要吃完的奶油起司盒內有一個黴菌孢子。一分鐘後，你在外頭跑步，它的遺傳物質增加了一倍，隨後分裂成兩個黴菌孢子。再過一分鐘，兩個黴菌孢子的大小都增加了一倍，留下四個黴菌孢子。每分鐘加倍的這個過程，在你出門慢跑的時候繼續進行下去。等你回到家，肚子餓了，準備在吐司上抹奶油起司，你打開所剩無幾的奶油起司盒，就注意到它長滿了黴菌。大概在什麼時候會有半盒奶油起司長了黴菌？8:30 左右？8:45 左右？還是 8:59 左右？

4

鑑於亞羅不可能定理，
自己定義什麼是成功

在幾個選項角逐的時候，通常要靠各有偏好的投票人表決出獲勝者。但要採用什麼投票表決規則？這些規則客觀分析起來是公平的嗎？舉例來說，假設有個讀書會想要決定他們接下來該讀這兩本書的哪一本：史蒂芬·霍金的《時間簡史》（*A Brief History of Time*，記為 🕐），或是童妮·摩里森的《寵兒》（*Beloved*，記為 ℬ）。假定讀書會的組員各自的偏好如下表所列：

讀書會組員	第一順位	第二順位
安東尼	ℬ	🕐
班傑明	ℬ	🕐
卡萊奧佩	ℬ	🕐
達芙妮	ℬ	🕐
伊迪絲	ℬ	🕐
法蘭克	🕐	ℬ

讀書會組員	第一順位	第二順位
吉列爾莫	⏱	ℬ
亨麗耶塔	⏱	ℬ
伊內絲	⏱	ℬ

在相對多數決（plurality）中，每個人都要表決出一本書——投票人的第一順位。由於 ℬ 的第一順位選票獲得 5 票，而 ⏱ 只獲得 4 票，因此 ℬ 獲勝。投票表決中只有兩個選項可考慮時，多數決是很有效率的表決方法，因為它會讓團體裡的大多數人感到滿意。

現在假設讀書會組員吉列爾莫在投票前決定再加一本書讓大家考慮：大衛・福斯特・華萊士的《無盡的玩笑》（Infinite Jest，記為☁，因為小說封面上那朵有代表性的雲）。假定投票表決的人給 ℬ 和 ⏱ 的順位不變，然而現在每個人必須決定在他們個人書單裡的順位。假設最後的偏好排序如下：

投票人	第一順位	第二順位	第三順位
安東尼	ℬ	⏱	☁
班傑明	☁	ℬ	⏱
卡萊奧佩	ℬ	⏱	☁
達芙妮	ℬ	⏱	☁
伊迪絲	☁	ℬ	⏱
法蘭克	⏱	ℬ	☁

投票人	第一順位	第二順位	第三順位
吉列爾莫	⏱	$\mathscr{B}$	☁
亨麗耶塔	⏱	$\mathscr{B}$	☁
伊內絲	⏱	$\mathscr{B}$	☁

　　在有3個選項的情況下，這個讀書會可能還是會採取多數決，考慮投票人第一順位的排序：$\mathscr{B}$現在只獲得3票，⏱得4票，而☁得2票。因此這次⏱贏得多數票。把一本最後沒有勝出的書放進選項，居然讓讀書會的偏好從$\mathscr{B}$改成⏱。也就是說，9個投票人中有5人喜歡$\mathscr{B}$更甚於⏱，但這種投票制在出現☁這個選項時認定⏱勝出。在這個例子中，稱為「不相關選項」（irrelevant alternative）候選者。（《無盡的玩笑》書迷，抱歉啊！）換句話說，$\mathscr{B}$和⏱最後在讀書會組員表決結果的排序，取決於投票人給每本書的順位。採用多數決的投票中有超過2個選項要考慮時，不相關選項的可能情況會考驗投票是否公平。

　　在選項超過2個的情況下，表決方式是不是該考慮所有投票人的選擇順位呢？再來看個稍微不同的讀書會排序版本，是在一些組員讀過書評，而有些組員指出下次開會他們無法出席之後才計票的：

投票人	第一順位	第二順位	第三順位
安東尼	$\mathscr{B}$	☁	⏱
班傑明	$\mathscr{B}$	☁	⏱

投票人	第一順位	第二順位	第三順位
卡萊奧佩	⏱	$\mathcal{B}$	☁
達芙妮	$\mathcal{B}$	⏱	☁
伊迪絲	☁	⏱	$\mathcal{B}$
法蘭克	☁	⏱	$\mathcal{B}$
吉列爾莫	⏱	☁	$\mathcal{B}$

在根據這套新的排序偏好的多數決投票中，$\mathcal{B}$ 會勝出，因為7人當中有3人把它列為第一順位——是書單裡最多的。

不過，7位讀書會組員中有4位喜歡⏱更甚於$\mathcal{B}$，這樣的話也許應該是⏱獲選？

但7位讀書會組員中有4位喜歡☁更甚於⏱，所以也許應該是☁獲選？

7位讀書會組員中有4位喜歡$\mathcal{B}$更甚於☁，這樣你又會回到也許應該是$\mathcal{B}$獲選的論點。

這個例子中的兩兩選擇偏好，構成了所謂的「循環」（cycle）。這種循環現象可能會在排序投票中發生。上述例子中的循環如下頁圖所示。

排序投票制出現循環，代表沒有贏家。就像在多數決中有可能出現不相關選項，出現在排序表決中的循環也會考驗投票是否公平。

還有其他可採用的表決方式，有些是有排序的，有些是沒有排序的，包括：

- **兩輪決選制（run-off voting）**。投票人對所有候選者（選項）進行排序。如果其中一個選項獲得超過半數的第一順位選票，那麼該選項就是贏家；如果沒有任何一個選項獲得多數票，那麼獲得第一順位選票最多的兩個選項就要進行第二輪票選，其餘選項則遭到淘汰。為了從留下來繼續票選的兩個選項決定贏家，就會根據留下的這兩個選項的投票人偏好進行決選。要注意的是，如果投票人在第一輪表決時已經對他們的偏好進行排序，這個決選就不必再單獨投票一次了。

- **循序決選制（sequential run-off voting）**。投票人對所有的選項進行排序。如果某個選項獲得第一順位選票的多數票，該選項就是贏家；如果沒有任何一個選項贏得多數票，那麼就淘汰掉獲得第一順位選票最少的選項，留下記在選票上的其餘各個選項的順位排序。針對留下的選項重複這個程序，一直做到只剩一個選項獲得多數票為止，獲得多

數票的選項就可宣布勝出。

- **波達計數法（Borda count）**。投票人對所有的選項進行排序。對於每張選票，每個選項都會取得某個分數，這個得分等於選票上低於該候選者的選項數。在每張選票上記錄各選項獲得的分數，獲得最高分的選項勝出。
- **獨裁專制**。在獨裁式的投票中，某個人選出了第一順位的選項，而該選項就宣布勝出。

有那麼多種投票表決方法可選擇，團體要如何決定哪種方法最公平？

數學家兼經濟學家肯尼斯・亞羅（Kenneth Arrow）仔細考慮如何把個別投票人的一大堆選票，轉換成一個團體的單一排序表決。對於有 3 個或更多選項的票選，他認定公平的投票制要有下列評判標準 [5]：

1. **全域性**。這個投票制應該總是可以讓投票人列出候選者的順位。
2. **一致性**。如果所有的投票人都比較喜歡選項 X 而不是選項 Y，這個投票制在最後的整體排序中，就應該把 X 排在 Y 前面。
3. **不相關選項的獨立性**。選項 X 與選項 Y 的最後整體排序，不應該受到投票人給選項 Z 的順位所影響。

亞羅證明，在有 3 個或更多個選項的投票表決中，唯一公平的投票制就是獨裁式表決。意思就是，投票人「團體」應該要有選出獲勝者的唯一獨裁者。有 3 個或更多個選項時，你無法保證一定能把個別投票人的偏好轉換成群體偏好，同時又不違反上述標準的至少一項。換言之，只要你選擇了獨裁以外的其他投票方式，就是在選擇某個和公平性有關的已知問題。他的研究結果獲得了 1972 年的諾貝爾獎，現在稱為亞羅不可能定理（Arrow's Impossibility Theorem）。

亞羅不可能定理清楚指出，除了獨裁之外，任何一種投票方式都是不公平的，因此我們很有理由擔心政治投票的公平性。雖然如此，這個定理也為數學生涯與人生方面的「成功」定義方式，提出了很好的判斷方法。如果你曾經擔心，社會已經「表決出」誰在數學或人生方面是有成就的，而你可能沒有勝出，那你就可以重新評估自己的投票方式。成功要如何定義，這有很多「選項」，你可以考慮讓選票成為選出你自己的成功定義的唯一選票。透過這種方式，亞羅不可能定理會向你保證勝出的定義是公平的——至少在有計票的所有選項當中是公平的。

問題 4

假設某次選舉有 A、B、C、D、E 5 個候選者。投票人要替自己對所有候選者的偏好進行排序。最後的投票總數如下（資料來自美國數學會網站 [6]）：

候選者排序 （第一、第二、第三、第四、第五順位）	所列排序的 選票數
(A, D, E, C, B)	18
(B, E, D, C, A)	12
(C, B, E, D, A)	10
(D, C, E, B, A)	9
(E, B, D, C, A)	4
(E, C, D, B, A)	2

請你判斷哪些候選者會分別在多數決、兩輪決選制、循序兩輪決選制和波達計數法勝出。你認為決定勝選者的因素是和投票人偏好有關的根本事實，還是投票表決方式？

5
像凱薩琳・強森一樣
志向遠大

「我們選擇在這十年上月球，還有做其他事情，不是因為這些事情很容易，而是因為很難做到，因為那個目標能夠組織並衡量最佳的力量和技能，因為那個挑戰是我們願意接受，而我們不願意延宕的。」美國總統甘迺迪 1962 年在德州的演說中如此說道 [7]。他試圖號召美國公民及全世界支持美國航太總署（NASA）的阿波羅太空計畫。他們打算先達成一系列的外太空旅行，接著要在 1960 年代結束前登上月球。

太空人約翰・葛倫（John Glenn）獲選執行 1961 年的繞行地球軌道阿波羅任務。NASA 的工程師和數學家接到眾多指示，其中一項就是要確保他平安返回地球。為避免太空船在重返大氣層時燒毀，以及被很大的 g 力壓碎，太空船就要呈某個角度接近地球。因此，葛倫要讓太空船朝向大氣層裡的一個點，稱為「真空近地點高度」（vacuum perigee altitude，簡稱 VPA），而不是對準地球。

VPA不是大氣層內的固定點，而是由太空船進入大氣層的角度決定的。具體來說，VPA是太空船一進入大氣層後，在返回軌道上最靠近地球的點。

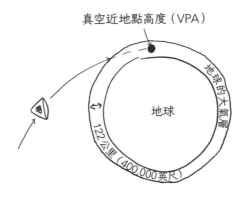

真空近地點高度（VPA）

地球

地球的大氣層

122公里（400,000英尺）

如果地球沒有大氣層，太空船會繼續沿著它的軌道，通過VPA，並維持讓它飛過地球的動量，最後耗盡氧氣和燃料，沒有希望返回地球〔8〕。

真空近地點高度（VPA）

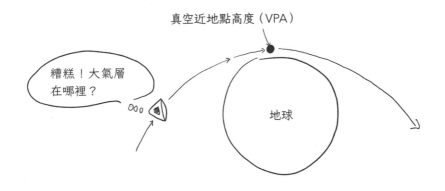

糟糕！大氣層在哪裡？

地球

幸好地球有大氣層,因此太空船能以精確的角度重返大氣層,承受大氣與太空船之間的摩擦阻力,然後通過VPA。只要葛倫完成這個精確的程序,阻力就可以確保他不會越過地球。

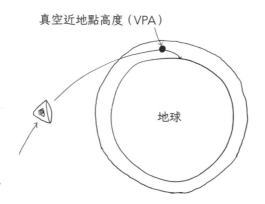

真空近地點高度(VPA)

地球

　　然而,如果葛倫只靠阻力來操控太空船,他的重返走廊可能可能會太窄,無法確保他平安歸來[8]。

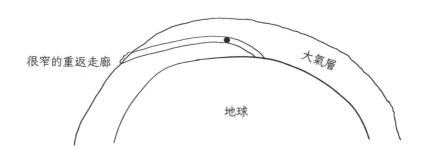

很窄的重返走廊

大氣層

地球

　　也就是說,在僅靠阻力的情況下,太空船很可能會未抵達預

定的重返走廊，讓它及太空人承受致命的g力，而且有可能在重返時燒毀。

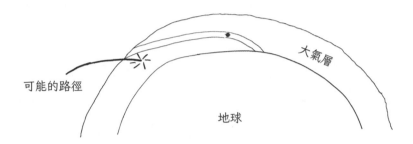

或者，如果太空船衝出預定的重返走廊，那麼它永遠不會到達VPA，而且會朝太空而去，一去不復返。

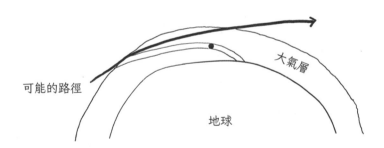

NASA的數學家和工程師設計了這艘太空船，讓它有空氣動力升力，能夠把重返走廊變寬到保證平安重返[8]。為了達到這種升力，這艘阿波羅太空船就需要做成那個具代表性的錐狀，即使看上去很古怪。他們預期，當太空船以寬的那一端重返大氣層，會給大氣施加很大的撞擊力。根據牛頓第三運動定律，每個作用

力都會產生一個大小相等、方向相反的反作用力，因此空氣也會對太空船施加一個作用力。如果空氣正面撞擊太空船的寬端，太空船就會受到阻力，這個阻力會讓太空船減速，但繼續保持原本的軌跡。

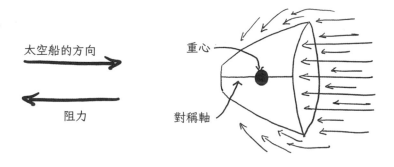

然而太空船的重心如果偏離中心軸，撞擊寬端的空氣可能就會不平均地偏移。比如重心若高於對稱軸，就會有比較多空氣向下偏，產生空氣動力升力 [8]。

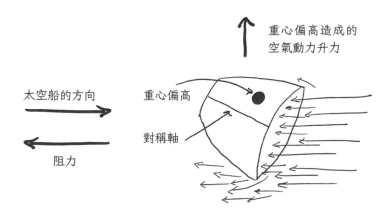

若重心低於對稱軸，會有較多的空氣向上偏移，就會把太空船向下推 [8]。

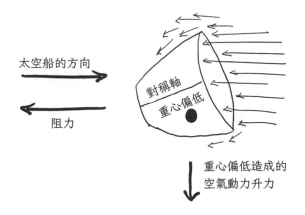

如果太空人必須改變升力的方向，他們可以讓太空船翻滾，使重心低於或高於中心軸 [8]。

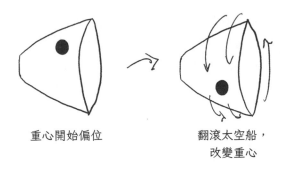

重心開始偏位　　　　　　翻滾太空船，
　　　　　　　　　　　　改變重心

　　有了這個設計上的特點，太空人在進入大氣層後不僅可以控制太空船的移動，還可以從誤差範圍更大的重返走廊獲益。

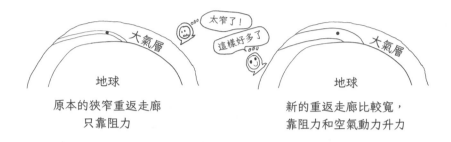

原本的狹窄重返走廊
只靠阻力

新的重返走廊比較寬，
靠阻力和空氣動力升力

在葛倫的阿波羅任務之前不久，NASA已經從任用計算員計算太空船軌跡，轉變為使用 IBM 7090 電腦 [9]。葛倫在飛行前雖然向媒體和美國大眾展現出信心，但把自己的性命託付給沒生命的電腦的計算結果，他有點猶豫，尤其是在重返大氣層期間會和地面人員暫時中斷通訊。

「去找那個女孩檢查數字對不對。」葛倫對NASA的工程師說，他指的是電晶體電腦IBM 7090計算出來的軌道數字 [9]。「如果她說數字正確，我就準備升空。」他補充說 [9]。葛倫所說的女孩，是指NASA朗里研究中心（Langley Research Center）飛行研究部的計算員兼數學家凱薩琳‧強森（Katherine Johnson）。

強森是一位非裔美國女性，1918 年出生於西維吉尼亞州的白磺泉鎮（White Sulphur Springs），她的家人把她和三個兄姊的教育列為優先事項。由於白磺泉鎮上沒有供黑人孩子讀的高中，於是她的母親帶著她和其他孩子在學年期間搬到西維吉尼亞州的學院區（Institute），好讓孩子們可以讀高中和大學，而她的父親則留

下來工作。強森在十歲時上高中，十四歲時進大學，十八歲時就從歷史上著名的黑人大學西維吉尼亞州立學院（West Virginia State College）畢業，在校時攻讀了數學和法文。畢業後，她擔任老師，結婚生子，隨後才在美國國家航空諮詢委員會（National Advisory Committee for Aeronautics，NASA的前身）擔任計算員和數學家。起先她在全為黑人的西區計算組工作，後來在全為白人的飛行研究部擔任臨時職位，這個職位沒多久就成為永久的職位。

每個人都在等候強森檢查葛倫的重返數字。數十年後，歐巴馬總統在2015年頒發美國最高平民榮譽總統自由勳章（Presidential Medal of Freedom）時，解釋她的工作「意味著，如果忘了把1進位，可能就會讓某個人漂進太陽系」[10]。這項任務花了她好幾天，但她公布的數字準確無誤。葛倫進入太空，然後平安歸來。美國在冷戰時期的太空競賽中取得「一勝」，這很大程度上要歸功於凱薩琳·強森的數學頭腦。

再隔幾年，美國浸信會牧師和民權運動人士小馬丁·路德·金恩會站在林肯紀念堂（Lincoln Memorial）的臺階上，向世人講述他的夢想。即使如此，美國仍會需要，現在也依然必須努力邁向種族平等與性別平等。不過，儘管面對極大的障礙，凱薩琳·強森在追求她對數學的熱愛的過程中，挑戰了社會對黑人女性的期望。

強森描述自己孩提時對數字著迷不已：「每樣東西我都會去數一數。我會數到馬路要走幾步，到教堂要走幾步，我洗了多少盤子和刀叉……任何可以數的東西，我都會去數。」[11] 那份熱

愛促使她去追求比登天還難的事情，就像你追尋數學與人生的志向時也會做的事。

問題5

牛頓第三運動定律（每個作用力都會產生一個大小相等、方向相反的反作用力）在阿波羅太空船重返大氣層期間發揮了作用。這個定律也在你划船時發揮作用，請說明之。

6
找出合適的配對，
就如二進位數要和電腦配對

人類有十根手指，所以可能比較容易使用以 10 為底（十進位）的記數系統。這個系統中的十個值（0、1、2、3、4、5、6、7、8、9）各有符號來表示。如果要表示超過 9 的數目，就會重複使用這十個數字，這稱為「位值記數法」（positional number system 或 place-value notation），也就是說，每個數字根據所在的位置，代表 10 的不同次方。比如說，572 這個數目代表五個 100 加七個 10 再加上兩個 1，換言之，572 就是下列這串算式的簡略版：

$$572= (500)+(70)+(2)$$
$$= (5 \times 100)+(7 \times 10)+(2 \times 1)$$
$$= (5 \times 10^2)+(7 \times 10^1)+(2 \times 10^0)$$

十進位制是按照位值來記數的系統，因此 572 與 527 是不同

的數目。在位值記數系統中，你想寫出多大的數字都可以。

　　如果需要記數系統的實體不是有十根手指的人，而是電腦呢？大部分電腦的根基是電晶體，這些電晶體要麼就讓電訊號通過，要麼就不可通過，因此你可以把每個電晶體想成是處於關或開這兩種狀態的其中一種，而「關」和「開」可以分別用數字0和1表示。如此說來，比起以10為底的記數系統，以2為底的記數系統（也稱為二進位制）更適合電腦。但什麼是二進位制？

　　二進位數只用到0和1這兩個數字。寫二進位數就像寫十進位數，只不過每個位值代表2的某次方，而不是10的某次方。只有0和1這兩個數字，沒有任何倍數；數字中表示的要麼是2的某次方，要麼就不是。出於這個原因，也許你可以把二進位數中的每個位數，想成精心擺放並用2的某次方標記的燈泡：

燈泡繼續
擺放下去　←… 2^4　2^3　2^2　2^1　2^0

　　特定二進位數中的每個「0」或「1」，會告訴你那個位置的燈泡要開還是關。譬如10011這個二進位數，當中的第一、第二和第五個燈泡（從右至左）是「開」的，因為這個二進位數中這些位數是1：

二進位數字

第五個
燈泡
第四個
燈泡
第三個
燈泡
第二個
燈泡
第一個
燈泡

你也可以用2的次方數的十進位表示法標記燈泡：

說明：
$2^0 = 1$
$2^1 = 2$
$2^2 = 4$
$2^3 = 8$
$2^4 = 16$

啊哈！二進位數10011就等於十進位數16+2+1=19。

若要把十進位數轉換成二進位數，你也可以採用依序排好的燈泡，也就是先把寫成十進位數標記的燈泡排成一行：

比方說，若要把十進位數43改寫成二進位數，就先找出最大標記數字不超過43的燈泡：

太大了，因為 64 > 43　　　　　把「1」放在這裡，「打開」這個燈泡。

「打開」標記「32」的燈泡之後，你就要開始把 43 想成是等於 32 加上餘數 11。

接下來，判定你是否可以用下一個最大標記的燈泡來表示餘數 11。下一個數字最大的燈泡標記「16」，大於 11，所以要在它的下方放一個二進位數字 0，把這個標記了「16」的燈泡「關上」。

接著再考慮下一個標記數字最大的燈泡：8。這個燈泡的標籤比你所需要的 11 小，所以你可以打開它。透過這種方式，現在你知道 43 等於 32 加上 8 再加餘數 3。

由於標記是4的燈泡太大，無法表示餘數3，所以你應該讓這個燈泡變暗，在它的下方擺一個0。

　　為了表示餘數3，你會需要標記2及標記1的燈泡。在這兩個燈泡下方擺「1」，把它們打開。

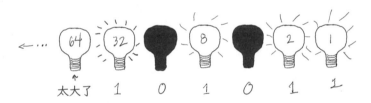

　　你所花的力氣產生了一個二進位數，換句話說，十進位數43和二進位數101011是同樣的數目。雖然這個表示法在使用十個數字的人看來可能很麻煩，但它恰好十分適合讓你的電腦和網際網路忙碌起來。

　　有個數學老笑話是說，世界上有10種人：懂二進位數的人及不懂二進位數的人。只有懂二進位數的人，才會覺得這個視覺上的笑話好笑。換言之，「10」這個數預期要讀成二進位數的「一零」，而不是十進位數的「十」。利用燈泡法，你可能會注意到二進位數的「10」與十進位數2是同樣的數：

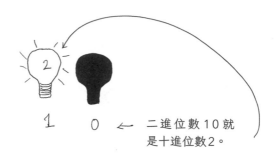

二進位數 10 就
是十進位數 2。

　　如果你把這則笑話轉換成十進位數——世界上有 2 種人：懂
二進位數的人和不懂二進位數的人——笑點就消失了。

　　學會把十進位數轉換成二進位數再轉換回來，比學會把西班
牙文翻譯成法文再翻譯回來要簡單，不用背單字或學會不規則動
詞變化。不論你比較喜歡燈泡法還是正規的進位制轉換記數法，
都要盡力達到你能看出「說」不同數字語言的價值的地步。你不
但會看懂世界上有多少種人的這則笑話，還會獲得在數學上與人
生中找到合適追尋目標的經驗。

問題6：

a. 把十進位數141表示成二進位數。

b. 把二進位數111100111表示成十進位數。

7
行為自然，因為班佛定律

數學家有個萬無一失的系統，可辨識出人為生成的資料集裡的造假。政府官員使用這個方法找出逃漏稅的公民，律師用來揭發竄改交易紀錄的會計師，標準化測驗的主管人員用來抓出作弊的學生或竄改學生答案的老師，選舉監票員用這個方法揭發選舉舞弊。這個方法稱為「班佛定律」（Benford's Law），可用來查出企圖擅自更改描述人類活動的數字的那些人。

我們在日常生活中會產生各種數字，這些數字可能會儲存在資料集裡。這些資料集涉及健康紀錄、人口統計、報稅單、股票價格、國債、選舉數據、死亡率、《紐約時報》報導中的數字、體育賽事統計數字、住址、公用事業使用情況、帳單等等。這些自然出現的資料集裡的數字的第一位數字，並不是平均分布的，換言之，人所使用和產生的數字當中，以1和2開頭的數遠比8或9開頭的來得多。多出多少呢？班佛定律預測出以下的百分比：

- 1出現在第一位數字的機會是30.1%。

- 2 出現在第一位數字的機會是 17.6%。
- 3 出現在第一位數字的機會是 12.5%。
- 4 出現在第一位數字的機會是 9.7%。
- 5 出現在第一位數字的機會是 7.9%。
- 6 出現在第一位數字的機會是 6.7%。
- 7 出現在第一位數字的機會是 5.8%。
- 8 出現在第一位數字的機會是 5.1%。
- 9 出現在第一位數字的機會是 4.6%。

　　具體來說，1 最常出現在第一位數字。數字愈大，出現在第一位數字的可能性就愈小。

　　也許你會認為，在隨機的資料集裡，任何一個數出現在第一位和另外一位的可能性都一樣大。按順序分派的數字可能會如此，譬如發票號碼、郵遞區號或電話號碼。然而，由人類行為產生的大型資料集帶有的統計指紋，就經常看到班佛定律。雖然如此，班佛定律仍然有必須滿足的條件。資料必須跨越一個數量級，這個定律才適用，比如說商用飛機通常搭載 20 到 500 人，這個範圍就太小了，班佛定律不適用。不過，若人為產生的資料集符合數量級和非按順序分派這兩個標準，班佛定律在美國刑事法院就可採納為證據。如果妥善利用，班佛定律經常可以揭發異於平常的人類活動。

　　為什麼班佛定律會在人為產生的資料集發揮作用？有個推測是，人花在小數字上的時間比花在大數字上的時間還要多。舉例

來說，城市人口從100萬居民增加到200萬要花很久，尤其是這種增長代表增加了100%。然而，當城市人口從800萬增多到900萬，這100萬人的淨成長代表只增加了12.5%，發生這種增長幅度的時間可能會短很多。

許多罪犯不懂班佛定律。個人擅改自然產生的資料集時，他們通常放入的第一位數字（或多或少）會從1到9平均分布。帶有平均分布第一位數字的人為生成資料集，在統計上是很反常的事，值得調查。這種反常現象不能當作造假的證據，不過，假如以7開頭的數字比例高出預期，就很可疑。後續調查通常會揭發有人擅自改動了資料集。一些經濟學家回顧了自2000年代初（就在希臘金融危機之前）以來的歐盟總體經濟數據，結果查出希臘的數據比其他成員國更偏離班佛定律 [12]。當然，有些罪犯很狡猾。策畫美國金融史上最大的龐氏騙局「馬多夫投資證券公司」而蒙羞的金融業鉅子伯納‧馬多夫（Bernie Madoff），持有的財務文件幾乎完全吻合我們從班佛定律預期的結果 [13]。

班佛定律還有更多出乎意料的事。這個統計上的原則也適用於跟物理量有關的自然界資料集，如山脈高度、河流表面積、地震深度、溫室氣體排放量等等。

當你假裝成數學或人生道路上的另一個人，你就是在冒險讓自己看起來像不遵守班佛定律的作假資料集一樣虛假。如果你行為自然，就更能夠用誠實的方式與世界打交道。不懂的時候問問題，如果某些人可能從你的優點中受益，就主動協助。不要去判斷「行為自然」對你來說究竟是指什麼，做你自己，不用掩飾缺點。

問題 7

在社交媒體平台推特（Twitter）上，使用者會統計追蹤者。[1]假設78,304個推特帳號的追蹤者人數的第一位數字如下：

- 以1開頭的數字出現了25,892次
- 以2開頭的數字出現了13,689次
- 以3開頭的數字出現了9,778次
- 以4開頭的數字出現了7,431次
- 以5開頭的數字出現了5,869次
- 以6開頭的數字出現了5,085次
- 以7開頭的數字出現了3,911次
- 以8開頭的數字出現了3,520次
- 以9開頭的數字出現了3,129次

這個推特追蹤者人數資料集遵守班佛定律嗎？

1　這個題目的靈感來自電腦科學家珍妮佛・哥貝克（Jennifer Golbeck）2015年8月26日發表在《PLoS One》期刊上的研究〈班佛定律適用於線上社交網路〉（Benford's Law Applies to Online Social Networks）[14]。除了臉書（Facebook）、Google Plus、Pinterest和LiveJournal等其他社交媒體平臺，哥貝克還檢查了78,225位推特用戶的追蹤者人數的第一位數字。她發現除了一個資料集之外，其餘所有的資料集產生的數值都很接近班佛定律的預期值。沒有產生類似班佛定律的數值的那個社交網路平臺，有一項可改變用戶行為的功能。這個題目裡的數字都是根據哥貝克博士的論文中某個長條圖所描述的粗略比例，因為那篇論文裡並沒有提供實際數字。

8
不要比較，因為混沌理論

麻省理工學院（MIT）氣象學家愛德華・勞倫茲（Edward Lorenz）在1961年從事長期天氣預報工作時，大多數的科學家認為宇宙是牛頓式的。牛頓認為，只要數學家和科學家蒐集到夠多的資料，就可以如鐘表準確預測般了解我們的世界。因此，勞倫茲盡職盡責蒐集了溫度、氣壓、風速及其他和天氣有關的變數的觀測數據，然後發展成供長期預測之用的數學模型。接著他編寫電腦程式，模擬幾個月的天氣。電腦會根據前一刻的量測計算出新的天氣指標。勞倫茲電腦螢幕上的變數圖，會隨著時間上下移動。有一次，勞倫茲決定再模擬一次，從同樣的初始條件開始。他讓程式執行重複的模擬，就離開去喝杯咖啡。等他回來時，竟點燃了一場科學革命。

他的重複模擬圖形看起來與最初模擬的圖形大不相同。起初他不明白為什麼，因為他認為自己輸入模型的是同樣的初始條件，然而他很快就注意到，電腦的記憶體裡最多能儲存到六位小數，但最多只能列印出三位小數。勞倫茲輸入初始值準備做重複

模擬時，用了電腦印出的數字。電腦列印值（0.056000）和初始值（0.056127）的差距微乎其微，但在模型執行了程式後，初始條件的微小差異被放大了，就導致截然不同的結果。而蒐集資料時的觀測誤差，就和輸入的初始值不到0.1%的捨入誤差不相上下。勞倫茲知道，氣象學家在記錄和輸入初始值時，需要難以達到的精確度，才能以合理的準確度預測長期天氣。勞倫茲發現了如今我們所稱的「混沌理論」（chaos theory），同時也讓牛頓宇宙的概念失效了。

隨後，勞倫茲在美國科學促進會（AAAS）1972年的會議上發表一篇論文，標題為〈可預測性：在巴西的蝴蝶拍動翅膀會在德州掀起龍捲風嗎？〉。他在那場演講中，用「蝴蝶效應」一詞描述一個很容易受初始條件影響的動態系統。我們不知道他是不是向科幻小說家雷・布萊伯利（Ray Bradbury）借用了這個詞：在布萊伯利1952年的短篇小說〈雷聲〉（A Sound of Thunder）中，虛構人物回到恐龍時代，踩到一隻蝴蝶，結果改變了歷史。無論如何，「蝴蝶效應」這個名詞已跨出科學界，在流行文化中落地生根。在1993年的好萊塢賣座電影《侏羅紀公園》中，伊恩・馬爾科姆博士向艾莉・薩特勒博士講解蝴蝶效應，設法打動她，儘管她也有科學博士學位，而且可能已經接觸過混沌理論的話題。就連美國史上最長壽的動畫電視劇《辛普森家庭》裡的角色，也討論過蝴蝶效應。

並非所有的系統都是混沌的。舉例來說，擺或鞦韆上的孩子會沿著可預測的路徑，無論以哪裡當作起點，都會沿著同一條路

徑來來回回：

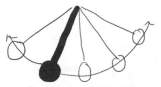

來回擺動的（單）擺

鞦韆上的孩子

然而，雙擺的擺動路徑就是混亂無章的。雙擺是一個擺下方再接另一個擺的系統。試想一下以下兩張並列在一起的圖。在這兩張圖中，你看到的雙擺是一樣的，不過左邊的雙擺開始擺動的位置，與右邊的雙擺略有不同。

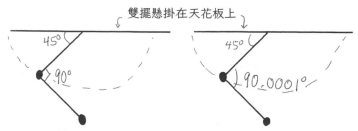

不管上方的擺從哪個位置開始，這個雙擺都會沿著預定的路徑來回擺動。

雙擺的上面這個擺，運動方式是可預測的，就像一個美好的老式鐘擺一樣，它來回擺動，很像孩子在盪鞦韆。然而下面這組圖中的兩條曲線，描繪出下方第二個擺的路徑，就是獨一無二、像雪花般的曲線。

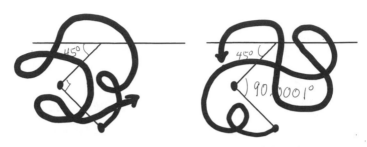

下方的那個擺的初始條件只要有變動，就算幾乎察覺
不到，都有可能產生截然不同的路徑。

當你讓雙擺開始擺動，應該會預期出現混沌現象。

你的數學與人生之路，比擺或盪鞦韆的路徑更複雜，就像雙擺擺動的路徑一樣，你的歷程是獨特的，而且很容易受初始條件影響。譬如在數學方面，你和你的朋友可能看似有同樣的起跑點，特別是你們如果同時打開一本書或上某門課程，這就是你們的初始條件。但當數學和你的生活歷練產生相互影響，你們可能就會描繪出不一樣的路程，走向相同或不同的目標。數學上的朋友也許會一路陪伴你，直到你懂了為止，但和朋友一起學習數學時，不要互相比較，任由混沌現象發生吧。

問題8

考慮兩組小鼠，牠們的數量每年會增加一倍。在一開始（「第0年」），兩組的數量非常接近，但沒有完全相等；A組剛開始有20隻小鼠，B組有22隻。兩群小鼠的數量每年各增加一倍。此外，兩組小鼠的

預期壽命都是兩年。假設在某一年會先有小鼠出生，然後有活到預期壽命的小鼠死亡。十年結束時，Ａ組和Ｂ組的族群數量有沒有明顯差異？

9

學學阿基米德，
環顧周遭動靜

公元一世紀時，敘拉古國王希羅二世（Hiero II）委任他的金匠打造要獻給神的王冠，但擔憂金匠把王冠上的部分黃金偷換成白銀，就向數學家阿基米德（Archimedes）求助。阿基米德知道銀的密度比金小，因此他必須測定王冠的體積，然後拿來和等體積的黃金做比較。如果國王的王冠重量比等體積的黃金輕，他就能知道王冠偷工減料，倘若兩者一樣重，王冠就有可能是純金的。不過，他要怎麼測定像王冠這麼奇特的形狀的體積？阿基米德一邊像平常一樣過日子，一邊思考這個問題，包括他去澡堂的時候。就在他踏進水中時，他注意到水位上升，接著突然領悟到溢出的水的體積等於他的身體的體積。傳說他跳出澡堂，光著身子飛奔回家，邊跑邊喊：「Eureka!」「我發現了！」

數學湧入阿基米德的想像力。他在思索 U 形的拋物線的性質之後，想像出可稱為人類史上的第一種死光：找一大群人，每人

都拿著一面大鏡子，把太陽光反射到來犯的木造戰船上，而船漆又已知是易燃物。當太陽在海洋的地平線上，這些人可以排成拋物線的U形站在岸上，這樣一來，太陽光就會直接照在他們身上。阿基米德知道太陽光會被排成拋物線的鏡子反射到同一個點，稱為拋物線的「焦點」。如果以船為焦點，又有充足的太陽能量對準船上的同一個位置，船就會燒起來。

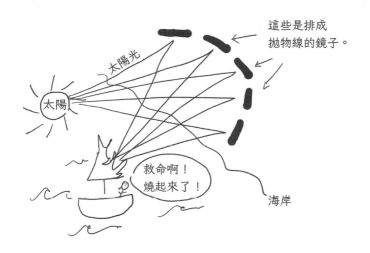

這些是排成拋物線的鏡子。

太陽光

太陽

救命啊！燒起來了！

海岸

　　阿基米德沉思槓桿的性質時，是不是正在看蹺蹺板上的孩子？也許是。兩個體重相同，和蹺蹺板中心（支點）等距離的孩子，可以很輕鬆地上下擺動，但如果坐在蹺蹺板一端的是一頭大象，另一端的孩子就必須往後坐到遠很多的地方（假設木板夠長），才能撐起大象。阿基米德發現數學公式可解釋槓桿的這個性質，然而他沒有把公式記在筆記本上，也沒有寫進放在蒙塵書架上的教科

書裡，反而寫了一封信給希羅國王，還提出了這個富有想像力的指示：「給我一個立足之地，我就能舉起地球！」阿基米德有沒有考慮站在一顆（密度非常大的）小行星上，然後用槓桿舉起地球呢？

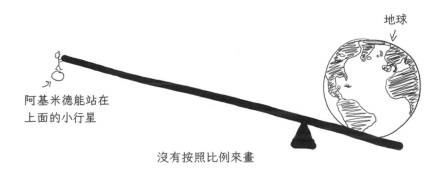

地球↓

阿基米德能站在
上面的小行星

沒有按照比例來畫

　　數學對阿基米德來說既是工作也是消遣。他比其他人還早了解「無限大」（infinity）和「非常大的數目」不一樣。為了論證自己的觀點，他先估計出一粒沙子的大小，然後問宇宙中可以填進多少沙粒，當時的人認為宇宙以眾星為界。首先他必須想出書寫大數目的新方法，因為那時候叫得出名字的最大數目是一億。想出方法之後，他就宣稱宇宙中可容納許許多多沙粒，但這個非常大的數目是有限的，而不是無限大的——他計算出來大約為 10^{63}[15]。他在論證「非常大的數目」不等於「無限大」這個微妙的重點時，替一個比先前命名過的所有數目都大的數目取了「無限大」這個名字。

　　只要還活著，無論人在哪裡，阿基米德都在做數學，數學彷

彿是他維持生命的活動，就像呼吸一樣。如果你曾擔心自己的生活方式讓時間不夠用，無法達成數學上的志向和其他人生目標，請想想阿基米德。他在澡堂裡、星空下和沙灘上做數學。事實上，有一天他甚至在沙灘上思考跟圓有關的數學問題，不顧第二次布匿戰爭兵臨城下，還是拿起樹枝在沙地上一邊畫圓一邊思索。沒過多久，有個士兵走近，打斷阿基米德的思考，他擔心士兵踩到他畫在沙地上的圓，大喊道：「Noli turbare circulos meos!」「別弄亂我畫的圓啊！」這是阿基米德留下的最後一句話，因為那個士兵把他殺死了。至少他死的時候是在做自己喜歡的事。

問題9

出去走走，或是去處理你的待辦事項，做的事愈平凡愈好，包括打掃、洗衣服或餵狗。做這件事的時候，找一找周遭有什麼數學，讓你想一想重量、體積、位移、角度、平行的光線、反射角、拋物線、地球的地平線、曲率、槓桿、支點、很小與很大的數目、無限大，以及你所見景物喚起的任何一種數學概念。用玩樂的態度做這項練習，因為完成這個作業的方法沒有對錯，只有不同程度的深度思考。

10
演練問題，
就像走在柯尼斯堡七橋上

---

　　18 世紀時，普魯士柯尼斯堡（Konigsberg，現今俄羅斯的加里寧格勒）的居民喜歡在他們宜人的城市四處走動。普雷格爾河（Pregal River）穿過柯尼斯堡，有兩座河心島克奈普霍夫（Kneiphof）和隆塞（Lomse），兩座島與本土之間有七座橋連通，如下所示：

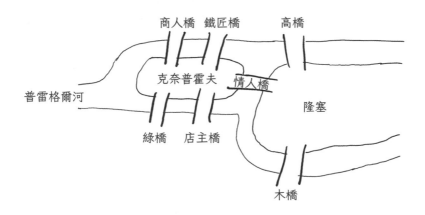

據說市民們都沉浸於希望找到尋找一條步行路線，從城市的某個地點出發，把每座橋不多不少各走一次，然後回到同一地點。以下是他們可能試過的幾條路線：

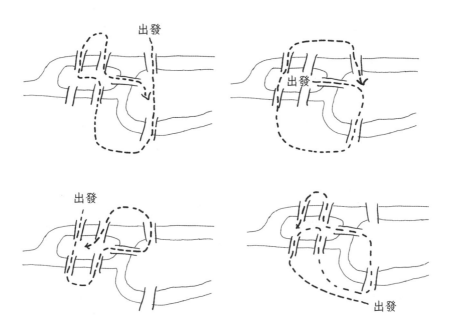

　　但從來沒有居民找出他們想要的路線，於是讓許多人心想這是不可能辦到的任務。柯尼斯堡鄰近市鎮的鎮長和數學家雷翁哈德・歐拉（Leonhard Euler）討論起這個問題，結果促使歐拉寫信給數學家友人喬凡尼・馬里諾尼（Giovanni Marinoni）：

　　這個問題實在平淡無奇，但在我看來是值得注意的，因為不論

幾何、代數甚至計數的本領，都不足以解決它。有鑑於此，我開始懷疑它是不是屬於萊布尼茲曾經非常渴望的位置幾何學。因此，經過幾番考慮，我得到一個簡單但完全確立的規則，有了它的幫助，就能立刻判定在所有這種類型的例子中，像這樣的往返路線是否可能存在。[16]

歐拉在信中提到的「位置幾何學」（geometry of position），現在稱為「圖論」（graph theory），那時候還不存在。柯尼斯堡的七座橋幫歐拉和市鎮居民把這個問題演練一遍，然後開始想像萊布尼茲（Leibniz）對於新數學分支領域的想法。這個和位置有關的幾何學涉及的不是距離、大小或角度，而是安排方式。換言之，河心島多大或多小，連接的橋多長或多短，都無所謂。這個問題只需考慮島和河岸的數量，以及島和河岸之間有沒有橋相連。

如今圖論學家會用所謂的「圖」（graph），建立模型模擬柯尼斯堡七橋問題。圖就是一堆稱為「頂點」（vertex）的點，且這些點可能由一條或多條稱為「邊」（edge）的線相連起來。邊傳達了關於路徑、連結或關係的資訊，但並沒傳達連結或關係的距離或強度。舉例來說，如果柯尼斯堡的每塊陸地都用一個點表示，每座橋都用一條線表示，畫出來的圖可能就會像這樣：

若由另一位圖論學家來描述柯尼斯堡七橋問題，也許會用下面這個等價的圖來傳達同樣的資訊：

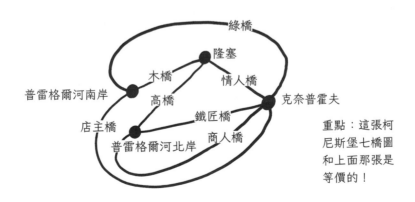

重點：這張柯尼斯堡七橋圖和上面那張是等價的！

當然，數學家更喜歡清爽的圖，用變數代替比較長的名稱。譬如你可以用「A」代表普雷格爾河的北岸，用「B」代表克奈普霍夫島，用「C」代表隆塞島，用「D」代表普雷格爾河的南岸，如下圖：

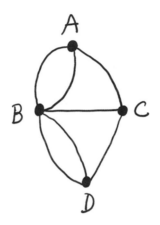

這個圖形傳達了陸地由橋相連的位置資訊，但和各塊陸地的大小或橋的長度無關。事實上，圖形也和地圖不同，因為它沒有傳達方向的資訊，比方說，你可能不會從這張圖形推斷出，克奈普霍夫島位於隆塞島以西。

用今天的圖論語言來說，柯尼斯堡居民想知道，他們的橋和陸塊形成的圖形有沒有包含所謂的「歐拉迴路」（Euler circuit）。歐拉迴路是指圖上的一條路徑，從一個頂點（圖中的一個點）出發，所有的邊（圖中的線）恰好經過一次，然後回到起始點。要注意的是，同一個頂點通過多次是容許的。

小時候我和同學很喜歡玩圖形，即使我們不知道怎麼稱呼那些圖形。有個很受歡迎的問題，就是要同學在筆尖不離開紙面的情況下，畫出看起來像有個「X」的房子的圖形：

　　小時候我想出了怎麼在筆尖不離紙，且穿過每一條邊各畫一次的情況下，畫出這個「跳房子」圖形。只不過，我沒辦法回到起始的頂點。套用圖論的語言來說，這個圖有歐拉路徑，但沒有歐拉迴路。

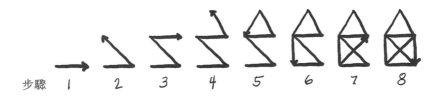

步驟　1　2　3　4　5　6　7　8

　　歐拉憑直覺知道，「平淡無奇的」柯尼斯堡七橋問題有可能

引發一種新穎、不同的數學思想。他在研究這個問題時，設法找出帶有歐拉迴路的圖形的特徵。首先，這個圖必須是連通的。如果圖形不是連通的，那麼圖上就有某些地方缺少連接到圖形其餘地方的邊，因此如果筆尖不能離開紙，就不可能畫出這個圖。

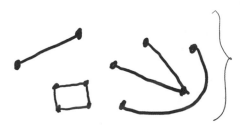

這些都可以算是同一張（不連通的）圖。

　　儘管如此，並非所有的連通圖都有歐拉迴路，就像「跳房子」圖形所顯示的。歐拉也注意到，圖上的路徑每次經過頂點時，都會使用到兩條邊。

鉛筆若要通過這個頂點，必須經由一條邊進入頂點，再經由一條邊離開頂點

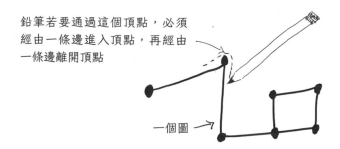

一個圖 →

這個領悟讓歐拉推斷，有歐拉迴路的圖上的所有頂點，必定有偶數條邊從它們發出去。比如我小時候的「跳房子」圖形，有一個頂點帶兩條邊，有兩個頂點帶三條邊，有兩個頂點帶四條邊：

跳房子圖形：

← 帶2條邊的頂點

帶4條邊的頂點 → ← 帶4條邊的頂點

← 帶3條邊的頂點

房子圖形上的頂點並不是所有都帶偶數條邊，所以這個圖沒有歐拉迴路。

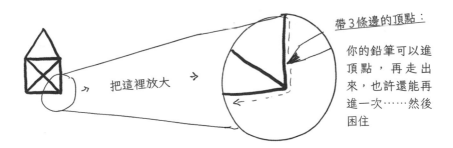

把這裡放大 →

帶3條邊的頂點：

你的鉛筆可以進頂點，再走出來，也許還能再進一次……然後困住

描述柯尼斯堡七橋問題的圖形是連通圖，這就有希望找到歐拉迴路了。然而，這個圖有一個頂點帶五條邊，有三個頂點帶三條邊。由於帶奇數條邊的頂點有一個以上，因此這個圖也沒有歐

拉迴路。

換句話說，在古城柯尼斯堡找不到把每座橋恰好走過一次，最後回到起始點的路徑。

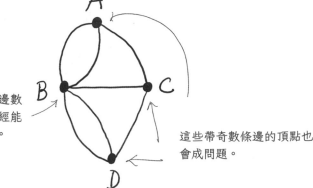

哎呀！這個頂點的邊數是奇數，這樣就已經能確定沒有歐拉迴路。

這些帶奇數條邊的頂點也會成問題。

最後歐拉可以證明，圖形有歐拉迴路的兩個必要條件，也是圖形有歐拉迴路的充分條件。也就是說，如果一個圖是連通的，並且從每個頂點發出的邊數都為偶數，那麼它就會有歐拉迴路。

今天電腦科學家運用圖論，替網站之間的連結甚至整個網際網路建立模型，神經學家運用圖論來理解大腦結構，人與人之間的社交媒體連結也可以用圖形建立模型。

圖論也是理解電子病歷和基因體定序的數學。城市規畫師為交通運輸建模，生物學家為疾病傳播建模，社會學家替謠言傳播建模，全都要運用圖論。人類很幸運，柯尼斯堡的居民把他們的

數學問題名副其實地嘗試「走」過一遍。下次你數學做不下去或人生陷入困境的時候，考慮演練一遍自己的問題吧，你的努力會產生什麼結果是很難說的。

問題10

曼島（Isle of Man）是位於愛爾蘭和英國之間的自治小島。假設曼島上有一家貨運公司很想找出一條環島路線，會經過下方地圖上畫在藍夕（Ramsey）、皮爾（Peel）、昂肯（Onchan）、道格拉斯（Douglas）和塞鎮（Castletown）之間的所有道路，而且不會原路折返。可以找到這樣的路線嗎？

曼島

藍夕

皮爾

昂肯

道格拉斯

塞鎮

11
用紐結理論解開問題

數學家對他們所稱的結（knot）有很高的判定標準。舉例來說，綁鞋帶時打的結不算是結，因為不論你把鞋帶結打得多麼糾結在一起，(至少在理論上) 都有可能透過兩端沒接好的鞋帶頭解開。

鞋帶看上去有打結⋯⋯　　但如果你用力拉⋯⋯　　那個結就解開了。

根據定義，數學上的結是指可能會或可能不會糾結的環，它沒有未接好的末端。也許你可以把數學上的結想成兩端連接起來的繩子。最簡單的結是圓，稱為平凡結（trivial knot）[1]，譬如橡皮筋就是個平凡結。橡皮筋是否糾結或纏繞在一起，這並不重要，

1　平凡結也稱為「非結」(unknot)。

只要結解得開，達到任何人都認得出是圓或橡皮筋的狀態，那麼它就可算是和平凡結相同的東西。舉例來說，以下全都是平凡結，因此也都是同一個結。

這條繩子並沒有斷。
看上去斷掉的那截
其實在看起來沒斷
的那截底下。

同樣的情形

你要解開一個結時，可以把結拉長、扭轉或縮短，但絕對不容許剪開。如果你能利用許可的方法把一個結調整成另一個結，這兩個結就可算是相同的結。並不是所有的結都能調整成看上去像平凡結一樣。比如說，三葉結（trefoil knot）是最簡單的非平凡結，換言之，我們沒有辦法把三葉結弄成平凡結的形狀。

左手三葉結和右手三葉結嚴格說來是不等價的，因為我們不能透過拉長、扭轉或縮短的方法把一個結弄成另一個結。然而，

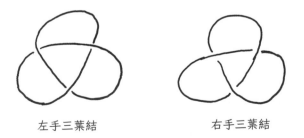

左手三葉結

右手三葉結

由於它們互為鏡像，因此紐結理論學家並不會視之為不同的結。

　　動手玩一下，就會漸漸熟悉不同類型的結。譬如拿一條短一點的延長線（1到1.5公尺即可）來打結。打好你想要的結後，可以把插頭插進延長線本身的插座，形成閉環，這樣你的結就沒有未接好的末端了。

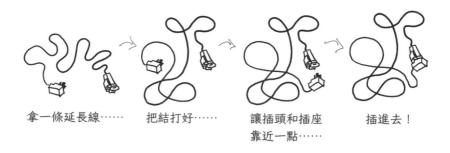

拿一條延長線……　　把結打好……　　讓插頭和插座　　　插進去！
　　　　　　　　　　　　　　　　　　　靠近一點……

　　三葉結當然不是唯一的非平凡結。舉例來說，8字結（figure-eight knot）是非平凡結，而且和三葉結不等價。

8字結

　　8字結和右手三葉結或左手三葉結不同，它的鏡像是它自己。在檢查的時候，要注意同一個結可能有不同的畫法。例如以下都是8字結：

8字結的不同畫法

　　為了驗證這個說法，可以用紗線或延長線做個8字結，然後玩一下，把它弄成不同的造形。

　　在幾乎所有的數學子領域中，數學家會替問題分門別類。[2]結的類別是按它們的交叉數（crossing number）來分的，舉例來說，平凡結的交叉數為0，因為它可以擺放成不會和自己交叉，雖然平凡結可以擺成有1個或多個交叉處，交叉數仍是0。結的交叉數定義成它可能有的最少交叉數。再舉一個例子，三葉結的交叉數是3。

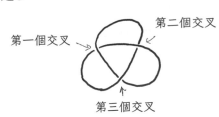

第二個交叉

第一個交叉 →

三葉結的交叉數是3

↑
第三個交叉

2　分類同時發生在巨觀和微觀的層次上。譬如在巨觀層次上，問題可以分成代數、幾何、微分方程、數論等等。又如在微分方程的微觀層次上，問題可分成「常微分方程」或「偏微分方程」。當然，歸類不會到此為止。舉例來說，在偏微分方程中，問題還可以再細分為「一階」、「二階」甚至「無限階」微分方程。有人可能會認為，理論數學的部分工作就是在把抽象的概念分門別類。

當然，你可以把三葉結擺放成有超過3個交叉處，但絕對無法弄成不到3個交叉處。

第一個交叉 →
第二個交叉
這看起來幾乎像是交叉，但因為可以扭開，所以不算。
第三個交叉
三葉結

交叉數不同的兩個結，可能永遠無法互相轉換。那麼交叉數相同的兩個結一定是等價的嗎？答案是：要看情況。交叉數為0的結，全都和平凡結等價，另外，沒有交叉數為1或2的結，因為有這兩種交叉數的結都可以解開，變成平凡結。

這看上去像交叉，但可算進交叉數嗎？

先前的結可以扭開變成這個樣子，就沒有交叉數了，因此這個結和先前的（等價）結的交叉數都是0。

此外，交叉數為3的結全都和三葉結等價。[3]同樣的，交叉數為4的結都跟8字結等價。

交叉數	可能的結
0	◯ 非結
1	沒有
2	沒有
3	
4	

交叉數大於4的結可容納差異，例如，有2種不同的結有5個交叉，3種不同的結有6個交叉，7種不同的結有7個交叉。紐結理論學家把結列表，在一些專書裡詳細列出，如柯林・亞當斯（Colin Adams）的《結書：紐結的數學理論初步》（*The Knot Book: An Elementary Introduction to the Mathematical Theory of Knots*）[17]，下面這些草圖就是根據這個所畫的。

3　回想一下，左手三葉結和右手三葉結嚴格說來是不相同的，但因為它們互為鏡像，所以不算是不同。

交叉數	可能的結
5	☆₁ ⊗₂
6	⊗₁ ⊗₂ ⊗₃
7	☆₁ ⊗₂ ⊗₃ ⊗₄ ⊗₅ ⊗₆ ⊗₇

交叉處有8個以上的不同紐結數增加得很快：8個交叉的結有21種，9個交叉的有49種，10個交叉的有165種。多達16個交叉的結，有超過100萬種[17]。

紐結理論不僅僅是理論數學家的古怪研究目標，因為自然界中確實會發生打結現象。舉例來說，DNA的形狀可能會發展成包含單一打結鏈的環，了解結的類型，就能提供DNA分子在細胞內如何發揮作用的相關資訊[18]。

不管真實世界裡有什麼實用性，結的分類替處理數學上或人生中的問題提供了一種象徵。如果遇到棘手的問題，不妨停下來想想以前是否碰過這個問題。比方說，倘若你的問題看起來像下面的結一樣糾結，你也許會被嚇住。

但假如你花些時間解開這個結，就會發現它是個平凡結──你已經遇過的簡單結。

問題11

拿繩子來做出以下這些結的模型,然後判定它們的交叉數,再從前
文中的分類表上找出和它們等價的結:

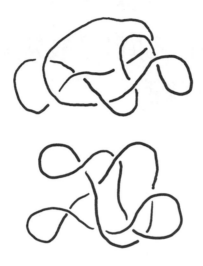

12
考慮所有的選項，
因為兩點之間的最短路徑
未必是直線

從美國波士頓到英國牛津的最短路徑是什麼？飛機乘客通常會把這個問題留給機師，但希望節省燃料和時間的機師要如何找出最短的路線呢？為簡單起見，我們假設地球是個正圓球。[1]請記住，從波士頓到牛津的最短距離會是穿過地心的直線通道，如果有這樣的隧道的話。

這條直線路徑穿過地心，是波士頓到牛津的最短距離。

1　地球的實際形狀會在第19章〈注意細節，就像地球是個扁球體〉討論。

由於地球是彎曲的，飛行員必須沿著彎曲的路徑在上空飛行。這條彎曲的路徑經常出現在航空雜誌的封底，就像下圖這樣：

當然，這個圖像是變形失真的，因為它是把存在於三維世界的曲線壓縮到二維的雜誌頁面上。此外，還有很多不同的曲線可選擇。哪一條最短？

要選連接波士頓和牛津，且落在包含這兩城的環球最大圓上的那條曲線。這個像赤道一樣環繞地球最寬處一大圈的圓（它不必位在赤道上），稱為「大圓」。[2]

換句話說，從波士頓到牛津的最短路徑，是包含了波士頓和牛津兩地的那段大圓。

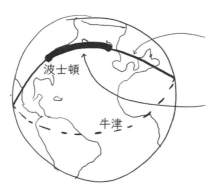

這裡是通過波士頓和牛津的大圓。

大圓上這段連接波士頓和牛津的粗線段，是兩城市間在地面以上的最短路徑。

　　你要怎麼確定，從波士頓到牛津的最短路徑就是包含波士頓和牛津兩地的那段大圓呢？先來考慮一下從波士頓到牛津的幾條彎曲路徑：

非常彎曲的路徑

沒那麼彎曲的路徑

最不彎曲的路徑

2　赤道是大圓的一例，但除了赤道以外還有很多大圓。

這些彎曲路徑的每一條都可以延長成一個圓。要注意的是，連接波士頓和牛津兩地的彎曲路徑的形狀，會決定這個圓的大小：

那麼，該如何確定波士頓和牛津之間的最短路徑是哪一條呢？找出彎曲度最小的路徑。那要怎麼找彎曲度最小的路徑？去找包含波士頓和牛津兩地的那段最大圓（大圓）圓弧。這條「彎曲度最小的路徑」，會是最接近穿過地心連接兩城市的直線通道的路徑。

就像地球儀上兩城市之間的最短路徑一樣，我們理解數學問題或人生問題的途徑未必是筆直的。即使直路會像從波士頓到牛津的地心通道般難以得到，只要你願意考慮所有的選項，也許就可以發現解決之道。

問題12

這個題目需要一個地球儀，和一條長度長到能繞地球儀一圈的繩子。

在下列每一小題中，用繩子沿著某個大圓上的彎曲路徑連起地球儀上的給定城市，然後回答問題。

    a. 紐約和香港之間的最短路徑有沒有越過北極圈？

    b. 從墨西哥市沿著最短路徑前往印度新德里的旅程，會往哪個方向展開？

    c. 波札那的嘉伯隆里（Gaborone）離烏拉圭的蒙特維多（Montevideo）比較近，還是離巴基斯坦的拉合爾（Lahore）比較近？

13

尋找美，因為費波納契數

費波納契數（Fibonacci numbers）是以兩個1開頭的有序數列：
1　1

要產生第三個費波納契數，只要把第一個數和第二個數相加就行了。1+1=2，所以數列的開頭三個數如下：
1　1　2

要產生第四個數，就把第二個數和第三個數相加。1+2=3，所以數列繼續如下：
1　1　2　3

事實上，有序數列中除了前兩個數之外，其餘的數都是它前面兩個數的和。費波納契數雖然無限多，但這個有序數列的開頭看起來像這樣：
1　1　2　3　5　8　13　21　34　55　89...

費波納契數是利用牽涉到加法的簡單數學算法構成的，這個有序數列本身並不是特別有趣，然而當你在各式各樣意想不到、美妙、看似跟數學無關的情境中注意到它們的身影，它們就變得

[19]

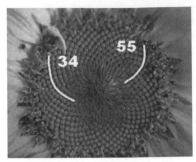

[20]

有趣了。比方說，在左上的向日葵花心圖片中，你會發現逆時針和順時針方向的螺線數目（分別是13和21）是相鄰的費波納契數。

還有一些向日葵呈現出不同的相鄰費波納契數，就如右上圖中，順時針方向有34個螺線，逆時針方向有55個。

仙人掌（右頁上方兩張圖）也呈現了相鄰的費波納契數——順時針的螺線有8個，逆時針的有13個。

右頁左下這個松果也是，有13個逆時針方向的螺旋和8個順時針的螺旋。

自然界中費波納契數的例子比比皆是。來自這個有序數列的相鄰數對，出現在貝殼、植物、樹木、人類和動物身上。在你的數學活動中，要接受每天的邀請，練習尋找與發現周遭豐富的美的技能。

問題13

現在輪到你去尋找數學之美了。數一數右頁右下角那個雛菊中的順

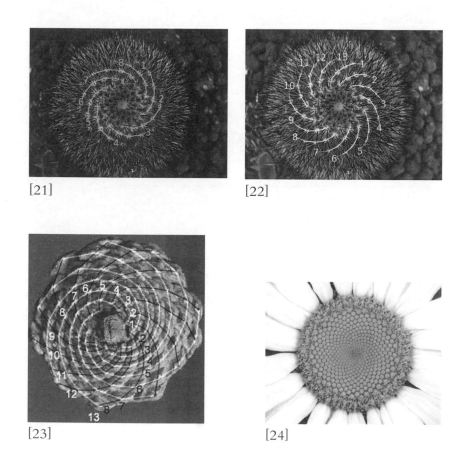

[21]

[22]

[23]

[24]

時針螺線數和逆時針螺線數。這兩個數目是相鄰費波納契數嗎？

加分題：去賣場買一個鳳梨。你能不能在你買到的鳳梨上找到數目恰好是相鄰兩個費波納契數的螺線？

14
分而治之，
就像微積分裡的黎曼和

　　要計算矩形的面積，就用小學所學到的公式：面積＝長×寬。舉例來說，如果公園裡的草坪長250英尺，寬1,000英尺，這個公式就表示草地面積有250,000平方英尺。例如，若想確定草籽或肥料需要多少，或請人來割草的話每平方公尺要付多少錢給除草工，這個資訊可能就很重要。又或者這塊空間可能打算拿來當作狗公園，在這種情況下，就可以用平方公尺來決定一次最多容許多少隻狗。

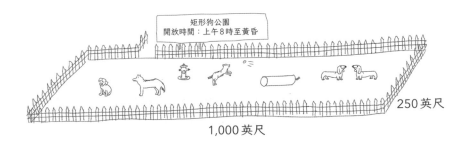

250英尺

1,000英尺

但如果草坪不是工工整整的矩形呢？另外再假設它也不是有面積公式可用的標準形狀，如圓形或三角形。考慮一個稍微修改過的例子，這塊綠地有三邊是直的，但第四邊是彎曲的。

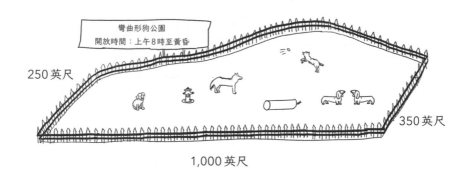

在這種情況下，你可以考慮用矩形來逼近（approximate）這塊草坪。

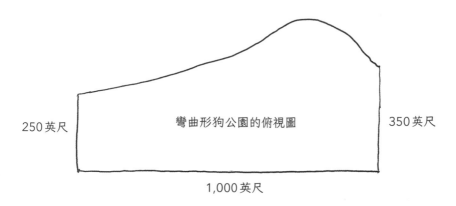

譬如你可以用放得進這個形狀的最大矩形面積，來提供低估值。

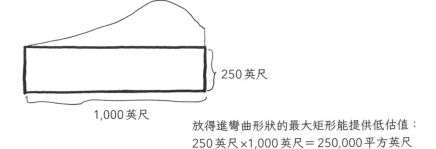

250英尺

1,000英尺

放得進彎曲形狀的最大矩形能提供低估值：
250英尺×1,000英尺＝250,000平方英尺

你還可以用包含這個形狀的最小矩形面積，來提供高估值。

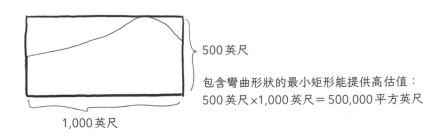

500英尺

包含彎曲形狀的最小矩形能提供高估值：
500英尺×1,000英尺＝500,000平方英尺

1,000英尺

　　接著你就能很有把握地說，這塊綠地的實際面積介於上界和下界之間。在上面的例子裡，狗公園的實際面積超過25萬平方英尺，但不到50萬平方英尺。

　　如果你想要更精確的估計值呢？為了得到更精確的低估值，也許你會考慮把此形狀的底邊分割成兩半，然後用兩個而不是一個內矩形，來逼近它的面積。

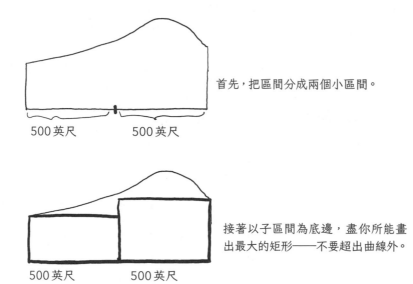

首先，把區間分成兩個小區間。

500 英尺　500 英尺

接著以子區間為底邊，盡你所能畫
出最大的矩形——不要超出曲線外。

500 英尺　500 英尺

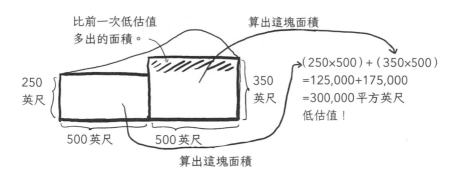

比前一次低估值
多出的面積。

算出這塊面積

250
英尺

350
英尺

500 英尺　500 英尺

算出這塊面積

（250×500）+（350×500）
=125,000+175,000
=300,000平方英尺
低估值！

　　同樣的，你也可以用兩個而不是一個外矩形來得到更精確的
高估值。

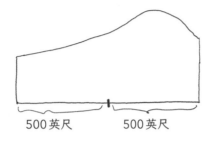

首先，把區間分成兩個
小區間。

500英尺　500英尺

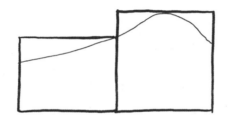

接著以子區間為底邊，盡
你所能畫出可包含這個形
狀的最小矩形。

比前一次高估值少的面積。

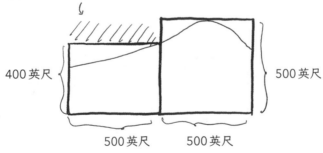

400英尺

500英尺

500英尺　　500英尺

最後，算出這兩塊矩形面積並相加，得出實際面積的更精確高估值：
(400×500)+(500×500)
＝200,000+250,000
＝450,000平方英尺
高估值！

這種方法讓估計值更精確了。現在你知道狗公園的面積超過
30萬平方英尺，但不到45萬平方英尺。

　　為什麼要在兩個矩形就止步？用十個矩形算低估值，再用
十個矩形算高估值，不會更好嗎？雖然矩形愈多就需要做愈多計
算，但每次計算都像做長乘以寬那麼簡單。

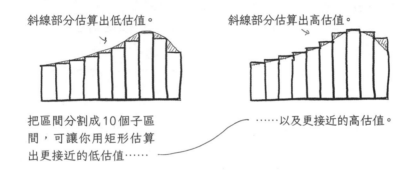

斜線部分估算出低估值。　　　　　　斜線部分估算出高估值。

把區間分割成10個子區
間，可讓你用矩形估算
出更接近的低估值……

……以及更接近的高估值。

　　當然，沒有理由在十個矩形止步。你可能會想試試一百甚至
一千個矩形，得到更精準的估計值。像這樣算出愈來愈小的矩形
的面積總和，來估計不標準的形狀面積多大的方法，就叫做計算
黎曼和（Riemann sum）。事實上，這種估算方法不僅可以運用在有
三個筆直邊和一個彎曲邊的形狀上，還能用在你想像得到的其他
不規則形狀上。

　　和前面一樣，矩形愈多，通常會提供更精確的近似值。

　　內矩形的面積和提供了低估值，而外矩形的面積和提供了高
估值，實際面積介於這兩個估計值之間。你用來估算的矩形愈窄，
得到的範圍愈小。

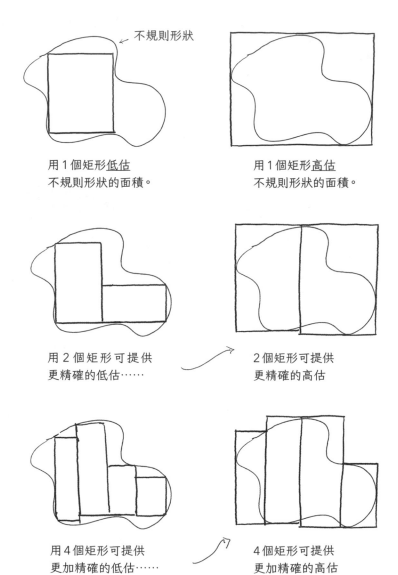

用 1 個矩形<u>低估</u>
不規則形狀的面積。

用 1 個矩形<u>高估</u>
不規則形狀的面積。

用 2 個矩形可提供
更精確的低估⋯⋯

2 個矩形可提供
更精確的高估

用 4 個矩形可提供
更加精確的低估⋯⋯

4 個矩形可提供
更加精確的高估

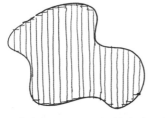

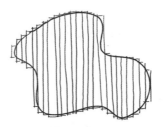

用許多較小的矩形低估這塊面積　　　　用許多較大的矩形高估這塊面積

　　黎曼和是最基本的分治法（divide-and-conquer）。意思就是，一開始是個難題，譬如要計算沒有公式可用的不規則形狀的面積，那就把這個不規則形狀分割成比較小、較容易處理的區塊，不要因為沒有公式而不知所措——即使這些區塊只能提供估計值。透過黎曼和來計算高估值和低估值，你就可以確定誤差範圍。舉例來說，如果你對粗略的近似值很滿意，就不必用很多矩形，假如你想要很精確的近似值，用很多細長的矩形當然就是很明智的。

　　若要計算出用其他方法很難描述的不規則形狀的面積，那麼黎曼和提供了非常精確的近似值。這件事的寓意就是，每當遇到數學生涯或人生道路上的考驗，都可考慮分而治之，如果不知道高明或非常專業的問題解決之道，也別擔心。按照黎曼的方法著手，把你的問題分解成較小、更容易處理的部分，然後運用已經知道的資訊得出解答。

問題14

利用下方的波多黎各地圖與黎曼和,估計波多黎各的面積,估計值要精確到與實際值的誤差不到500平方英里。

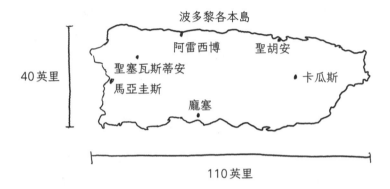

15
想想非歐幾何，
那就欣然接受改變吧

學齡前兒童擅長憑直覺理解積木的幾何性質。舉例來說，移動、堆疊或撞倒的積木除了在空間中的位置有改變外，其餘保持不變。另外，三角形積木的任何一面都可以站立，而圓柱狀積木就必須立在其中一個圓形底面，才能保持不動。

國中生上幾何課時會學到，三角形最多只能有一個90°角——看起來像標準紙張的一角，也稱為「直」角。下圖在中間的那個三角形有一個直角，但在它左右兩邊的三角形沒有：

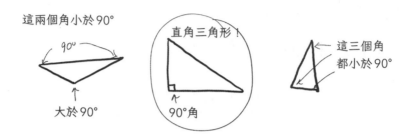

國中生也會學到，三角形的內角和永遠等於180°，這個角度看起來像一條直線：

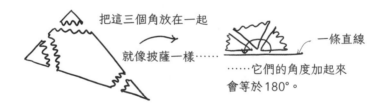

　　小學到高中課程裡討論到的大部分幾何學，稱為歐氏幾何（Euclidean geometry）。譬如你想要用直線和直角蓋房子的時候，歐氏幾何就很管用。然而在出現彎度的情境中，非歐幾何是更好的選擇，包括橫越整個洲的飛行路徑、珊瑚礁、葉緣有著皺褶的羽衣芥藍，甚至宇宙——科學家認為宇宙是彎曲的。

　　在非歐幾何（non-Euclidean geometry）中，許多出自歐氏幾何的舊法則不再適用了。例如球上三角形的內角和可能會超過180°：

飛機的飛行路徑
是非歐幾何的。

珊瑚礁的表面是
非歐幾何的。

羽衣芥藍的表面
是非歐幾何的。

球上這個三角形的每個角都是90°
90°+90°+90°=270°>180°

　　上圖這個三角形居然有三個直角，相加起來等於270°。同樣
的，如果有個三角形位於鞍面上，三內角和就有可能小於180°：

鞍面（形狀很像馬鞍）

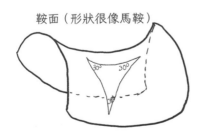

鞍面上這個三角形的每個角都是30°。
30°+30°+30°=90°<180°

當三角形落在球面和鞍面上，我們熟悉的舊有法則就不適用了。

起初，得知三角形的內角和不一定等於180°可能會讓你困惑，但請考慮接受數學生涯和人生道路方面的改變。在適應的過程中，你也許會發現許多有趣的新機會，可以減少厭倦感，找到自己的長處，引發新的想法。

更何況，你真的想生活在沒有跨洲航行、珊瑚礁和非歐幾何蔬菜的世界嗎？要鼓起勇氣，確信宇宙仍保有非歐幾何之謎。

問題15

找出球面上的四邊形、五邊形及六邊形的內角和。請填下表，然後說明為什麼你的答案是正確的。

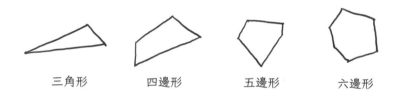

| 三角形 | 四邊形 | 五邊形 | 六邊形 |

歐氏幾何形狀	邊數	在歐氏幾何中的內角和	在球面上的內角和
三角形	3	180°	超過180°
四邊形	4	360°	
五邊形	5	540°	
六邊形	6	720°	

16
想想鴿籠原理，
那就採取較簡單的思路吧

有沒有兩個頭沒禿的倫敦人頭上的髮量一樣多？乍看之下，你好像需要一份列出所有倫敦人及各自頭上髮量的名單。譬如這樣的名單：

倫敦市民姓名	頭上的髮量
Abbot, Bob	108,245
Abrahams, Jane	97,326
Ackerman, Maria	135,730
Adams, Albert	59,322
Alden, Lillian	102,449
Alliston, Frederick	3
Allston, Laura	128,236
⋮	⋮

如果你有這樣的名單，那就可以展開一個預計會很漫長乏味的過程。很幸運的是，有一種比較簡單的思路。每個倫敦人確實有計算髮量，而在每個倫敦人都知道自己髮量的理想世界中，他們可以按這種方式分類。你很容易發現，倫敦人口大概有820萬。如果普通人的頭上有大約10萬到15萬根頭髮，那麼想必沒有哪個倫敦人的髮量會超過100萬根。到這裡我們暫停一下，想一想這幾個數字：820萬倫敦人當中，沒有一人的髮量超過100萬根。也許你可以假想有個很長的走廊，沿著長廊有一排門，每扇門上都有個號碼，對應到頭沒禿的倫敦人的可能髮量。

注意：沒有按比例畫，因為圓點代表第五扇和第一百萬扇之間所有的門。

現在想像一下，你指示820萬個倫敦人走進門上號碼是他們自己的髮量的房間。假設第一個倫敦人的頭上有113,572根頭髮，那她就會走進113,572號門。假如第二個倫敦人的頭上只有3根頭髮，他就會走進3號門。剛開始，這些房間會慢慢填滿。如果在任何時刻有兩個人走進同一扇門，你就會發現兩個頭上髮量一樣多的倫敦人。在這種情況下，一定會有兩個人走進同一扇門的時候嗎？

想想人數與門數的關係。人比門多，即使你一開始設法不讓

兩個人走進同一扇門，所有的門到某個時刻都會打開，但還會有人必須走進一扇門。

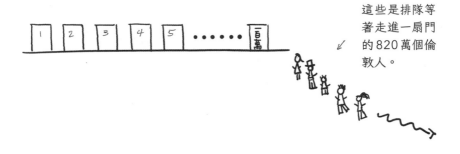

這些是排隊等著走進一扇門的820萬個倫敦人。

　　由於大約有820萬個倫敦人，只有100萬扇門，因此至少會有一扇門被超過一個倫敦人打開。所以，你可能會在沒有數過任何倫敦人髮量的情況下推斷，至少有兩個頭未禿的倫敦人頭上的髮量一樣多。

　　這個問題的關鍵是一個數學原理，稱為鴿籠原理（Pigeonhole Principle）。這個原理的正式陳述是這樣的：若把n個東西放入m個容器中，且n > m，那麼至少一個容器會裝超過一個東西。比方說，如果五隻鴿子試圖飛進四個鴿籠，會發生什麼情況？

如果五隻鴿子想飛進四個鴿籠，那麼至少一個鴿籠會容納超過一隻鴿子。

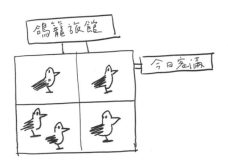

　　鴿籠原理允許讓你根本不用計數，就能解決似乎需要計數的問題。如果現在有一大群人等著進入體育館，你想知道他們是不是都進得去，那麼你不必先計座位數再計人數──這兩件工作都很耗時。看看你能不能改用鴿籠原理，採取更簡單的方法。你可以請所有的人都進入體育館，設法找座位坐下。等大家都進體育館了，就運用你的觀察力，如果座位都坐滿了，還有人站著，那麼人就比座位多，如果每個人都坐著，沒有空位，那麼座位數和人數就一樣多，如果每個人都坐下了，但還有空位，座位就比人多。

　　有些人認為，解決數學問題或人生中的疑難雜症，需要遵循嚴格的法則，然而在尋求解答的過程中，你應該追求吸引人，甚至有點不合常規的路徑，因為你可能會發現更簡單的思路。

　　■　問題16：證明世界各國領袖當中一定有兩人同年紀。

17
做出有根據的猜測，
就像克卜勒
提出堆球猜想一樣

擺橘子的時候，若想在限定體積下把橘子堆放得最密，方法有無數種。譬如你可以隨意倒出橘子，然後期望它自己堆得很緊密。你也可以把橘子疊放，一顆疊一顆。或是可以效法世界各地的水果攤：先擺好第一層，然後在第一層橘子與橘子之間的凹陷處擺放更多橘子，形成第二層；若要加第三層，就可以把橘子放在第二層橘子形成的凹陷處，以此類推。

1611年，德國數學家兼天文學家約翰尼斯・克卜勒 (Johannes Kepler) 提出了一個根據經驗的猜測：在市場賣水果的果農不但發現非常好的堆橘子方法，可把橘子堆疊得很緊密，而且它絕對是各種堆疊方法中堆得最密的。最關鍵的是，克卜勒大聲說出他的堆球猜想，讓它獲得「克卜勒的堆球猜想」之名。

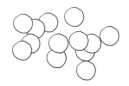 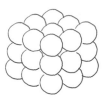 

這些橘子堆疊得很隨意。　　在這堆橘子當中，每顆橘子疊在另一顆上面。　　在這堆橘子當中，第二層橘子擺在第一層橘子形成的凹陷處，以此類推。

　　據說克卜勒說過這麼一句話：「真理是時間的女兒，身為她的接生婆，我並不引以為恥。」克卜勒還沒證明出自己的堆球猜想就去世了，然而他留給後人的謎團卻示範了猜想的威力。一群群數學家得知克卜勒的猜想，在他死後都還想致力鑽研這個猜想。到1998年，克卜勒提出猜想後過了將近四個世紀，美國數學家湯馬士・黑爾斯（Thomas Hales）用了超過兩百五十頁的篇幅，證明克卜勒的堆球猜想確實是對的。

　　緊密堆球（堆得愈緊密愈好）可應用在錯誤更正碼中，網際網路訊息傳送、衛星廣播及深太空遠距離通訊，都要仰賴錯誤更正碼。要是克卜勒沒有說出他對於最密堆球的猜測，也許今天的世界看起來就會不一樣了——而且不是往好的方面。

　　要記住，猜想會為你的數學志向和人生道路提供方向，它會給你一個反覆思考的想法，這樣你就不會無所事事。一把你的猜想清楚表達出來，你可能就會發覺自己想確定它到底對還是不對。在著手處理這個問題的過程中，也許會發現你的第一個猜想，

甚至第二個或第三個猜想是不對的，如果是這樣，就再提一個猜想，然後繼續做下去。好奇心往往會促使問題獲得解決，但通常是在你清楚表達出最佳的猜想之後才會解決。

問題17

要解這個題目，會需要九枚大小相同的硬幣、一把尺和紙筆。你的目標是找出把三枚、四枚、五枚、六枚、七枚、八枚、九枚、十枚硬幣放進一個正方形的最佳裝填。硬幣的最佳裝填就是把所有的硬幣都放進一個正方形，這個正方形是縮到最小的，而且硬幣都沒重疊。舉例來說，把一枚硬幣放入正方形的最佳裝填，就是正方形的邊長等於硬幣的直徑：

  一個圓在正方形內的最佳裝填。

再舉個例子，兩枚硬幣擺進一個正方形的最佳裝填，是兩圓圓心的連線與正方形的對角線重合的狀態。把兩個圓排進一個正方形，使圓心連線呈水平，並不是最佳裝填，因為這種裝填會需要更大的正方形。

兩個圓在正方形內的最佳裝填。　　兩個圓在正方形內的非最佳裝填。

解這個問題時，要在桌上移動硬幣，找出最密裝填。然後把以特定排列方式擺進所有硬幣的最小正方形畫出來，並和其他幾次嘗試做個比較。

18
按照自己的步調前行，
因為有終端速度

重力以**每秒**9.8公尺的速率把物體拉向地球，意思就是，不論物體的質量有多大，它在真空的環境下從空中落下時，每一秒都會**加快**每秒9.8公尺的速度。比如說，在真空中，保齡球和羽毛會以相同的加速度落下。然而，當保齡球和羽毛在非真空的空氣中落向地面時，就會遇到空氣阻力，這些落體在加速的過程中會撞到空氣粒子，這些粒子就以不同的速率妨礙它們加速，結果保齡球比羽毛用更快的速率加速落地。

每個物體都有一個速率值，是空氣阻力和物體所受的重力大小相等時的速率，物體一達到這個速率，就不會再加速。物體做等速運動時的這個速度，稱為物體的「終端速度」（terminal velocity）。不同的物體可能會有不同的終端速度，物體的質量會決定它落下時施加在周圍空氣的力。物體的表面積決定了物體所受的阻力，表面積愈大，阻力也愈大。舉個例子，跳傘的人張開降

保齡球與羽毛
在真空中落下。

保齡球與羽毛在地
球的大氣層裡（即
不是真空）落下。

起先空氣阻力
很小……

跟重力
相較之下

當空氣阻力的
拉力與……

重力相等的時候，跳傘的
人就會達到終端速度。

落傘後，會增加阻力，而這又會減慢他們的終端速度。

　　在思考如何調整自己數學志向和人生道路上的步調時，不妨想想落體給你的體悟。你可能會以跟同儕不同的速度取得進展或

受到「阻力」。按照自己的步調前進吧，你的目標應該是找到屬於自己的「終端速度」——你遇到的阻力和你花的力氣一樣多的那一刻。

問題18

在007電影《太空城》(*Moonraker*)一開場，007情報員（「我是龐德，詹姆士龐德」）把湊巧穿戴著降落傘的壞蛋一號推下飛機。大約五秒後，壞蛋二號（「大鋼牙」）把沒有穿戴降落傘的007推下飛機。007設法在半空中追上壞蛋一號，把他身上的降落傘偷來穿上。隨後，壞蛋二號穿戴著降落傘跳下飛機，在半空中追上007，兩人展開一場空中纏鬥，搏鬥時壞蛋二號還張開嘴，打算咬007的腳。為了避開那口鋼牙，007把他從壞蛋一號那裡偷來的降落傘拉開，看起來就像是往上飛起。這一招讓007成功逃離壞蛋二號的鋼牙和掌心。

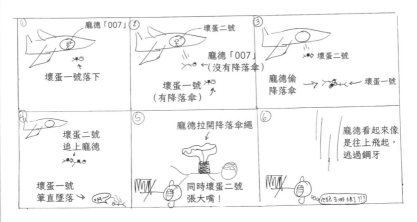

考慮空氣阻力對落體的影響，然後回答下列問題：

a. 還記得OO7比壞蛋一號晚五秒鐘離開飛機。假設壞蛋一號和龐德的體重和體型一樣,龐德怎麼可能追到壞蛋一號?

b. OO7為了躲開壞蛋二號的鋼牙,在半空中拉開降落傘之後,他真的往上飛了嗎?

19

注意細節，
就像地球是個扁球體

地球是個質量相當大的天體，質量大到本身的重力把自己拉成球狀。但即使把地球上所有的山脈都夷為平地，河谷都填平了，地球就會是完美的正球體嗎？法國天文學家讓・里歇（Jean Richer）在1673年注意到，法國巴黎的鐘擺擺動得比法屬圭亞那首都開雲的鐘擺快一點，這兩座城市的大致緯度分別是北緯49度和5度。後來牛頓根據這個證據，確定重力在緯度較高的地區比在赤道附近來得強。他從自己的觀測結果推斷，地球繞著通過南北極的無形地軸旋轉而產生的旋轉力，使地球赤道附近凸起。地球在極區和赤道附近的直徑，相差約42公里，差異很小，但不能說沒有。換言之，地球不是球體（sphere），而是類球體（spheroid）。

類球體有不同的種類。扁球體（oblate spheroid）繞著短的縱軸旋轉，長球體（prolate spheroid）繞著長的縱軸旋轉。

由於重力（萬有引力）和旋轉力，太陽系裡所有的行星都更應

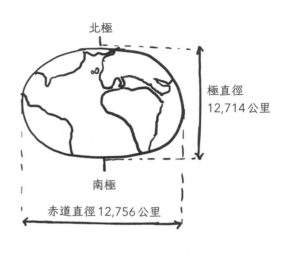

北極

極直徑
12,714公里

這張圖過分誇大了，讓地球看上去像是壓扁了一點，像個南瓜。

南極

赤道直徑12,756公里

扁球體

長球體

該說是扁球體，而不是球體。行星愈大，繞軸自轉得愈快，赤道附近的凸起就愈明顯。地球是中等大小的行星，自轉一圈需要24小時，赤道直徑比極直徑長了大約0.3%。同時，太陽系裡最大的行星木星，自轉一圈約需10小時，赤道直徑比極直徑長了大約7%。地球的扁率是察覺不到的，木星看上去卻明顯像是壓扁的南瓜。

為了賦予各種天體準確的幾何特徵，你就必須仔細注意細節。舉例來說，加州大學行星科學家伊恩・蓋瑞克－貝瑟爾（Ian Garrick-Bethell）就曾在《自然》期刊上發表一項關於月球形狀的研究，根據他的說法，地球的衛星「彷彿赤道附近凸起的檸檬」[25]。地球的衛星很可能是 45 億年前撞擊地球的未知天體碎片形成的。在月球距離地球仍然很近的時候，它受到兩個潮汐過程的影響；地球的重力誘使它變成壓扁的形狀，而自轉讓它的赤道附近凸起 [25]。月球一遠離地球，自轉就變慢了，地球的重力也不再具有同樣的影響，基本上就讓它的凸起檸檬形狀固定下來了。為了闡釋月球的形狀，蓋瑞克－貝瑟爾很注意數學細節：「對於這兩個潮汐過程，你都找得到預期比率。我們發現了你期望在這兩個過程看到的確切比率。」[25]

　　地球並不是唯一擁有奇形怪狀衛星的行星。土星的衛星形狀不但受這個行星影響，還受到土星環的影響，這些衛星曾經被描述成小義大利餃、不明飛行物、水餃、阿根廷餡餅和穿著短紗裙的芭蕾舞者——最後這個說法是因為它看起來很像蓬蓬裙 [26]。

　　有很長一段時間，宇宙學家認為宇宙沒有形狀，他們支持無限宇宙說，該學說暗示，從地球發射進入大氣層的火箭太空船會離地球愈來愈遠。然而，NASA 的威爾金森微波各向異性探測衛星（Wilkinson Microwave Anisotropy Probe）檢測大霹靂（Big Bang）餘暉後得到的詳細天文資料顯示，這些可觀測波並沒有四處反彈，不像是在無限宇宙中那樣 [27]，它們的波型反而暗示宇宙的形狀可能像甜甜圈一樣。

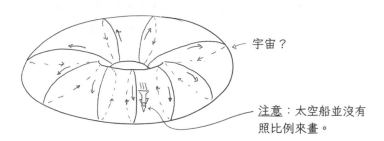

宇宙？

注意：太空船並沒有
照比例來畫。

　　如果宇宙形似甜甜圈，那麼從地球發射升空的火箭可能就會
「往外」直線飛行很長一段時間，最後又從地球的另一邊撞回來。

　　地球極直徑和赤道直徑的42公里差異、土星的水餃形衛星，
及宇宙貌似甜甜圈的學說，都是在仔細注意細節之後才發現的。
不妨多花點時間考慮數學和人生目標中的細節，這些細節也許會
培養出一種令人嚮往的奇蹟。

問題19

把下列這些東西分成球體、扁球體或長球體，或以上皆非：酪梨、
南瓜、西洋梨、橘子、葡萄、西瓜、草莓、哈密瓜、百香果、香蕉。

加分題

為了好玩，下次你準備煮義大利麵時，把肉泥或扁豆泥做成扁球體，
而不是肉丸或扁豆丸。

20
來加入社群，
儘管有希爾伯特的23個問題

1900年，德國數學家大衛・希爾伯特（David Hilbert）在巴黎舉行的國際數學家大會上提出了23個問題。他試圖號召數學界，防止數學「絕種」（用他的話來說），儘管這個領域幾乎沒有瀕臨絕種。儘管如此，他的努力仍代表有數學家第一次鄭重又成功彙整出涵蓋數學裡各個領域重要、有趣的未解決問題。在附帶的演講中，他向數學家挑戰，邀請他們在未來這個世紀解決所有23個問題：

> 我們當中會有誰不樂意掀起面紗，瞧瞧藏在後方的未來，看一眼我們科學的未來進展，以及它在今後幾個世紀的發展奧祕？……一個科學分支只要能提供許多問題，就會存在很久；缺少問題，就是絕種或停止獨立發展的預兆。[28]

希爾伯特彙整的23個問題當中，第一個問題和連續統假設

（Continuum Hypothesis）有關——連續統假設是關於實數（直線上的點）集合大小的猜想。在那個時候，康托（Cantor）已經證明自然數的集合[1]是比實數這個無窮集合小的無窮集合。[2]連續統假設是說，在這兩個不同大小的無窮集合之間，沒有其他的無窮集合。換句話說，這個猜想聲稱，如果給你一個由某條線上的點構成的無窮集合[3]，它要麼和自然數集合一樣大，要不就和那條線上所有的點構成的集合一樣大——而且沒有其他選擇。雖然奧地利（後來入籍美國）數理邏輯學家庫特・哥德爾（Kurt Gödel）花二十五年嘗試證明連續統假設為真還是為假，結果徒勞無功，最後成功的是美國數學家保羅・柯恩（Paul Cohen）。哥德爾很有度量，在寫給柯恩的信上指出：「你的證明好到不能再好了，讀起來就像在讀非常出色的劇本。」[29] 哥德爾在 1963 年用了兩人的名字，把柯恩的證明發表在《美國國家科學院院刊》（*Proceedings of the National Academy of Sciences of the United States of America*）上。不過，結果並不是大家最期待的——柯恩證明出連續統假設是無法證明的[30]。這聽起來或許像是含糊其辭，但恰恰相反，他是用這種方式陳述自己很確信這個問題可能是無法解的。難怪哥德爾費了這麼久的工夫。

1　自然數就是正整數 $1, 2, 3, 4, 5, 6, 7, \ldots$

2　實數是數線上的所有數字，換言之，實數包含 0、所有的自然數及其負數，還包括了所有的分數，如 $\frac{2}{3}$、$\frac{962}{317}$、$-\frac{156}{2}$ 和 $-\frac{1}{2}$，以及所有會寫成無限不循環小數的無理數，如 π、ϕ 和 e。

3　在這種情況下，某條線上的點構成的集合可能會是那條線上所有的點，也可能是那條線上的點的子集合。

希爾伯特的23個問題當中，有些問題很快就解決了，譬如第3個問題：兩個等底等高的四面體（四個面都是三角形的立體）是否一定會有相同的體積。馬克斯・德恩（Max Dehn）在1902年回答出：「不一定」，正如下圖所示。這兩個四面體由各自的頂點的三維坐標決定出來。[4] 意思就是，三維空間中的一點用 (x, y, z) 來表示，其中的 x 是你沿著圖中指向右方的那條軸移動的間隔數，y 是你沿著指出頁面的軸移動的間隔數，z 是沿著縱軸向上移動的間隔數。一在圖上標出這些點，就能用點與點間的連線構成四面體。要注意的是，它們的底和高相等，但因為最高點的位置不一樣，形狀就不同了。

　　希爾伯特的第8個問題是黎曼猜想（Riemann Hypothesis）——關於質數分布的陳述。希爾伯特公布他的23個問題之後，一個世紀過去了，黎曼猜想還沒有人解開，這時克雷數學研究所（Clay

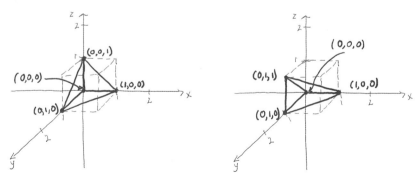

底和高相等，但體積不一樣的兩個四面體。

4　頂點是指四面體的尖角。

Mathematics Institute，位於美國的基金會，致力於增加和傳播數學知識）也為新的世紀列出了他們自己的數學難題。他們提供一百萬美元的獎金，當作解開他們的七大難題的獎勵，這七道難題就稱為千禧年大獎問題（Millennium Prize Problems）。黎曼猜想還未解決，因此他們也把它列入名單裡。儘管粉絲追蹤人數很多，黎曼猜想至今仍未解決，但不是因為乏人嘗試。希爾伯特本人就是粉絲，他指出：「如果我沉睡一千年後醒來，想問的第一件事就是：黎曼猜想證明出來了嗎？」[31]

希爾伯特的第18個問題分幾個部分，克卜勒的堆球猜想[5]是其一，這個猜想是關於怎麼堆疊橘子這樣的球體會最緊密。就在該世紀結束前，黑爾斯在1998年提出了這個問題的一個證法，證明某種角錐狀提供了最密堆積。他的證明公認是站得住腳的，不過，很多純數學家因為它大量使用到電腦，所以不怎麼受到打動。

希爾伯特在公布他的23個問題時說：「一個數學問題應該要有難度，才能引誘我們，但又不能完全無法理解，以免它嘲弄我們的努力。」[28]憑藉他在許多數學分支的廣泛涉獵，他明白鏗鏘有力表達整個數學界的目標的價值，以及做記錄可能產生的整合效應。希爾伯特的23個問題有助於團結數學界及數學愛好者，就像足球對世界各地球迷的效應一樣。

他說：「深信每個數學問題可以解決，這種堅定的信念對工作者是很有力的激勵。我們聽到內心不斷呼喚：問題就在那裡，

5　克卜勒的堆球猜想在第17章〈做出有根據的猜測，就像克卜勒提出堆球猜想一樣〉討論過。

去找出答案。」[28] 他試圖提醒數學家，數學是個人和學界都在探索的，他希望不同子領域（幾何、數論、代數、分析等）的數學家能夠交談。

希爾伯特說：「需要我們極力思考的問題是，數學的命運是否注定和其他那些分成獨立分支的科學一樣，各分支的代表人物彼此幾乎互不理解，而且這份關係變得更加鬆散。」[28] 他還強調在數學圈子以外傳遞數學的重要性。

他說：「在你把一個數學理論講清楚，清楚到可以解釋給你遇到的第一個路人聽之前，這個數學理論都不算完整。」[28] 若是傳遞理論數學，通常不會考慮路人，甚至每一個人。希爾伯特的聲明很可能替《Quanta》和《科學美國人》（*Scientific American*）等雜誌，以及類似你手中這本的許多科普書籍埋下種子。最後，他還清楚闡釋哪些人可能會加入數學這個圈子。

「願圓滿完成這個崇高使命，願新的世紀為它帶來有資賦的大師和眾多狂熱、有熱情的追隨者。」[28] 我們大多數人都不是有資賦的大師，恰恰相反，我們都屬於數學的「狂熱、有熱情的追隨者」社群。我們或許不期待自己是證明黎曼猜想為真或為假的人之一，但我們過得很愉快，也希望你加入我們。

問題20

在前文中，你碰到了兩個等底、等高但體積不相等的四面體。不用管四面體的體積公式，請你再找出兩個等底、等高但體積不相等的四面體。

2

心智層次的數學

21
找志趣相投的數學伙伴，
因為孿生質數猜想

張益唐是移民美國的中國數學家，1991年拿到普渡大學
（Purdue University）數學博士學位。畢業後他在找工作方面並不順
遂，有段時間就睡在自己的車上，同時在三明治速食店和汽車旅
館打零工。儘管如此，數學帶給他慰藉，多年來他繼續鑽研一個
著名的未解決難題，叫做孿生質數猜想（Twin Prime Conjecture）。
他不是要追求名聲或榮耀，恰恰相反，他只是想知道這個猜想對
不對。

如果兩個數都是質數，而且兩數間相差2，這對質數就稱為
「孿生質數」（twin prime）。[1]舉例來說，3和5是孿生質數，因為它
們都是質數，且5－3＝2。再舉個例子，11和13也是孿生質數，

---

[1] 如果一個數是大於1的自然數，而且只有1和它自身兩個因數，這個數就是質數。比方說，5是
質數，因為它大於1，而且只有1和5兩個因數，然而6不是質數，因為它的因數有1、2、3和6。

因為11和13都是質數，且13－11＝2。還有很多非常大的孿生質數，譬如16,829和16,831。已知最大的一對孿生質數，各有將近40萬位數[32]。孿生質數猜想就是在推測，孿生質數有無窮多對。

2013年某天，在新罕布夏大學擔任臨時講師的張益唐，向著名的數學期刊《數學年鑑》(*Annals of Mathematics*)提交了一篇論文。主編和同儕評閱人員在讀他的論文時，簡直不敢相信自己的眼睛。你幾乎會認為張益唐證明了孿生質數猜想。其實他沒有證明出來，然而他就和世界上任何一位最著名的數學家一樣接近。說得具體些，他並沒有證明相差了2的質數對有無窮多組，而是證明了：相差在7000萬以內的質數對有無窮多個。

你對這個結果無動於衷嗎？數學家的反應可不是這樣，而這是張益唐預料到的看法。他證明出來的結果是重大的突破，更何況他在數學界還沒沒無聞。他打電話給妻子，讓她知道這件事。

「我說：『注意一下媒體和報紙，妳可能會看到我的名字。』」後來他這樣告訴《紐約客》的記者。根據張益唐的說法，她的反應是：「你是不是喝醉了？」[33]

哈佛學院(Harvard College)數學系並不認為他喝醉了。相反的，他們甚至在他發表那篇論文之前就邀請他去演講。《紐約時報》、《紐約客》、《連線》雜誌和全球主流報紙，都形容張益唐的發現「引起轟動」，是「傑作」。他獲得了麥克阿瑟獎(MacArthur Fellowship)──所謂的「天才獎」。這讓他離開臨時的教職，前往普林斯頓大學。

長期以來，大家一直認為質數的「行為」和人很像，它們似

乎優先考慮住在志趣相投的朋友附近，尤其是在偏遠地帶。質數在數線前端出現的頻率很高，但往正的方向走愈遠，出現的頻率就愈少。舉例來說，前十個自然數中有40%是質數[2]，前100個自然數中，有25%是質數[3]，而在前1000個自然數中，只有16.8%是質數。[4]數學家已經知道質數有無窮多個。有一對質數，即2和3，差距為1，除此之外的其餘質數對，至少會相差2。[5]數學家認為，在大於2的質數中，彼此靠得不能再近的質數對很可能有無窮多個；換言之，他們認為彼此相差2的質數對很可能有無窮多個。就像住在北極的居民一樣，生活在數線偏遠地帶的質數，有可能形成許許多多相隔甚遠的小群體。

數學家也替其他彼此臨近的質數對命名，但這些質數對都不像攣生質數那麼親近。譬如說，相差4的兩個質數稱為「表兄弟質數」（cousin primes），所以7和11是表兄弟質數，19和23也是。

2　2, 3, 5和7皆為小於或等於10的質數。

3　2, 3, 5, 7, 11, 13, 17, 19, 23, 29, 31, 37, 41, 43, 47, 53, 59, 61, 67, 71, 73, 79, 83, 89, 97皆為小於或等於100的質數。

4　2, 3, 5, 7, 11, 13, 17, 19, 23, 29, 31, 37, 41, 43, 47, 53, 59, 61, 67, 71, 73, 79, 83, 89, 97, 101, 103, 107, 109, 113, 127, 131, 137, 139, 149, 151, 157, 163, 167, 173, 179, 181, 191, 193, 197, 199, 211, 223, 227, 229, 233, 239, 241, 251, 257, 263, 269, 271, 277, 281, 283, 293, 307, 311, 313, 317, 331, 337, 347, 349, 353, 359, 367, 373, 379, 383, 389, 397, 401, 409, 419, 421, 431, 433, 439, 443, 449, 457, 461, 463, 467, 479, 487, 491, 499, 503, 509, 521, 523, 541, 547, 557, 563, 569, 571, 577, 597, 593, 599, 601, 607, 613, 617, 619, 631, 641, 643, 647, 653, 659, 661, 673, 677, 683, 691, 701, 709, 719, 727, 733, 739, 743, 751, 757, 761, 769, 773, 787, 797, 809, 811, 821, 823, 827, 829, 839, 853, 857, 859, 863, 877, 881, 881, 883, 887, 907, 911, 919, 929, 937, 941, 947, 953, 967, 971, 977, 983, 991, 997皆為小於或等於1,000的質數。

5　原因是除了2之外的質數都是奇數。因為大於2的偶數都有2這個因數，所以不可能是質數。

相差6的兩個質數稱為「六質數」。六質數的英文名稱sexy prime並沒有什麼限制級的地方，因為sexy這個修飾詞源自拉丁文中的sex，意思是「六」；舉例來說，5和11是六質數，因為兩數都是質數，且相差為6。不過，其他這些質數對的親密關係很少能和孿生質數相媲美。

會讓你願意對張益唐做出的突破刮目相看的理由正是：儘管7000萬看起來可能與數線上的數字2相去甚遠，但它至少在數線上（不像無限大）。換句話說，張益唐提供了第一個證據，證明差距為某個有限數的質數有無窮多個。這件事實會給數學家極大的希望，有朝一日終能證明孿生質數猜想。

張益唐在自己從沒沒無聞一躍成為數學界搖滾巨星後說：「我心如止水。我不太在乎錢，也不在乎名譽。我喜歡安安靜靜，繼續自己一個人工作。」[34]

自從有了張益唐的結果，數學界共同努力縮減他提出的界限。如今我們已經知道，相差不到幾百的質數對有無窮多個。如果這個界限有一天能減到2，孿生質數猜想就要改名為孿生質數定理了。

如果那天到來，數學家會睡得很好，因為他們知道，即使數線偏遠地帶的質數分布得稀稀疏疏，但這些質數中的無窮多個都會有個同伴——它的孿生質數。考慮到孿生質數彼此靠近到不能再靠近了（2和3除外），它們也不會那麼孤單。

尋找與你志同道合的朋友，盡可能和他們保持密切聯繫，尤其是你在數學和人生道路上要自我挑戰的時候。不論你是前往地球上人煙稀少的遠方或是數線的邊遠地帶，帶個朋友同行吧。

問題 21

研究質數和了解質數最好的方法之一，是搜尋具有特定性質的質數。除了孿生質數、表兄弟質數和六質數之外，還有許多其他已命名的質數，包括以下那些質數。找出所有小於1000的下列質數：

- 質數位數的質數（prime-digit prime）。即每位數字都是質數的質數。譬如22,357是質數位數的質數，因為它是質數，而且每位數字（2、3、5、7）也都是質數。

- 循環質數（circular prime）。即每位數字的所有循環排列都是質數的質數。舉例來說，1,193是循環質數，因為1,193、3,119、9,311和1,931都是質數。

- 迴文質數（palindromic prime）。即帶有迴文數性質的質數。譬如13,831就是迴文質數，因為它是從左邊讀和從右邊讀都一樣的質數。

- 四方質數（tetradic prime）。即從左邊讀、從右邊讀、正著讀或倒置讀都一樣的質數。比方說，1,008,001是四方質數，因為它本身是質數，而且從左邊讀、從右邊讀、正著讀或從倒置讀都一樣。

22
捨棄完美主義吧，
因為毛球定理

數學家常說，毛球是不能梳理的。這句話描繪出了毛球定理（Hairy Ball Theorem）這個定理的精髓——儘管名稱很好笑，但這可是貨真價實的數學定理。

要弄懂毛球定理，你必須先了解拓樸學家（數學家的一個子集合）所說的球體是什麼意思。可以透過拉長或縮短，但不用切開或黏合就能變形成球體的任何物件，都算是和球體相同的。想像一下用黏土之類有延展性的材料做成的玩具牛（特別是，假設你做的

從玩具牛開始。把這隻牛壓扁，做成一顆球。
<u>特別聲明</u>：畫這張圖的時候，沒有任何動物受傷。

玩具牛沒有供進食和排泄的消化道。）由於透過拉長或縮短但不必切開或黏合，就可以把黏土牛變形成球體，因此拓樸學家不會把兩者區分開來。

然而，球體和甜甜圈就是不等價的，因為你得在球上戳個洞，才有辦法獲得甜甜圈洞。

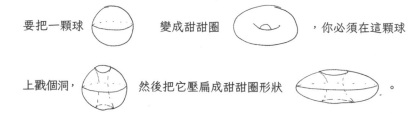

可是拓樸學中不許戳洞，因此球和甜甜圈在拓樸學上是不等價的。

接下來，你還必須了解一種稱為「連續向量場」（continuous vector field）的數學構造。我們可以把向量想成一個有特定長度和特定方向的箭頭，以下這些都是不同的向量：

一張紙或一顆球等特定表面上的向量場，就是把向量指派到這個表面上的點。下面的例子就是一張長方形紙上的向量場：

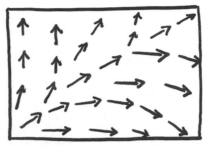

向量場

要注意的是，所有的向量場帶有的向量，都會比任一手繪圖上畫出來的更多，也就是說，向量場中的每個點都有指派的向量。為了把所給的向量場草圖上的空白處填滿，不妨想像一下（畫出來就更好了）更多遵守既定模式的向量。舉例來說，上圖描繪出的向量場會有以下這些額外的向量：

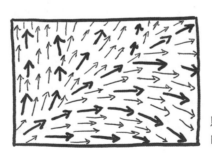

照著模式畫出更多向量。

說向量場是「連續的」，意思是可以把向量場的任何地方放大，就會看到所有的向量似乎都朝著同樣的方向前進。上圖中的向量場是連續的。下面的手繪圖放大了這個向量場的三個位置，檢查有沒有符合這個準則，但當然，向量場的每個地方都必須檢查，才能判定到底連不連續。

連續的向量場

放大看所畫方向相同的
所有向量。

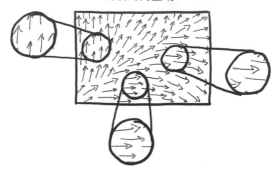

　　有時你可能會在向量場上看到一個點，而不是箭頭。向量
場上的一點稱為「零向量」（zero vector），代表向量場中的「零點」
（vanishing point）。向量場上的一個點通常會強調出向量場的不連
續性。在不連續的向量場中，至少會有一個點，不論放到多大，
你都不會看到所有的向量指向同一個方向。以下是不連續向量場
的兩個例子：

不連續的向量場

上面這個點不論放到多大，所有的向
量看起來都不像是指向同樣的方向。

另一個不連續的向量場

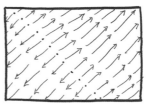

這個向量場情形一樣。

氣象學家經常造出向量場，他們會在一個球面上放置描述風的箭頭，箭頭的方向表示風向，箭頭的長度代表風速，長箭頭表示強風，短箭頭表示微風，沒有箭頭代表無風。

　　但要記住，儘管球的表面是彎曲的，向量卻始終是直線的。因此，球面上的每個向量只有端點會和球接觸。

　　毛球定理是說，球面上沒有不為零（non-vanishing）的連續向量場。換句話說，不可能把非零向量指派到球面上的所有點，使得球放大之後，所有的向量看似指向同樣的方向。球面上的向量場在某處必定有零向量。這個定理的名稱由來，是想像球面是一個球，而向量是毛髮，在設法「梳理」毛球的時候，你會發現需要一個零點。位於零點的毛髮會翹起來，突出球面，因為你無法梳理它，好讓所有的毛髮平整地貼著球。不管怎麼嘗試，總會留下至少一根翹著的毛髮。

　　若球面上的向量場代表地球上的風向圖，毛球定理就是說，

地球上總會有一個地方沒有起風。考量到拓樸學家把球體和玩具牛視為同樣的東西，或許你可以把這個定理改寫成：「每隻（玩具）牛都有亂翹的毛髮。」換言之，不管怎麼努力梳理玩具牛的毛髮，總是會留下至少一根翹起來的毛髮。

　　對我們這些欣賞完美的人來說，不管怎麼努力梳理毛球，總是會留下一根亂翹的毛髮，想到這件事就讓人焦慮不安。毛球定理就在提醒大家，完美往往是不可能達成的目標。在數學上與人生中，通常只要盡力做好，甚至做到滿意就夠了，即使盡最大的努力仍未達到完美。

問題 22

如前所述，拓樸學家喜歡說每隻牛都有亂翹的毛髮。若有隻牛的胃腸系統是牠身上唯一的「洞」，請判定這個說法的真實性。

23
享受追求目標的樂趣，
就像懷爾斯樂在
求證費馬最後定理一樣

1630年，皮耶‧德‧費馬（Pierre de Fermat）在某本希臘數學書的頁邊空白處草草留下了幾行筆記，斷定若正整數 n > 2，則方程式

$x^n+y^n= z^n$

沒有正整數解。n= 2 時，有無窮多組解，包括：

$3^2+4^2= 5^2$

$1^2+1^2=(\sqrt{2})^2$

你可以自行驗證這些等式。然而有很長一段時間，沒人知道到底有沒有一組 x, y, z 會滿足

$x^3 + y^3 = z^3$

$x^4 + y^4 = z^4$

甚至下面這個方程式：

$$x^{6321} + y^{6321} = z^{6321}$$

費馬認為不會，但沒有提出證明來佐證自己的說法。數學家把他的斷言稱為費馬最後定理（Fermat's Last Theorem），而且相信他們有朝一日可以證明出來。結果努力了三百多年，有些人到去世前都還不知道費馬說的對不對。儘管如此，在求證的過程中還是得到了許多回報。找出證明是在滿足人類求知的渴望，這段歷程解開了代數數論中的相關謎團，而這些謎團本來可能還沒人了解。這份努力激勵了每個數學家，也推動數學界前進。

數學家安德魯・懷爾斯（Andrew Wiles）十歲時，在他家附近圖書館裡的一本書上第一次讀到費馬最後定理。居然有問起來很容易、答案很難找到的問題，這個想法把他吸引住了。在劍橋拿到博士學位之後，他決定不讓數學家前仆後繼花了三百五十年，想盡辦法解開這道難題卻均告失敗給嚇倒。他把心力轉向這條路程。從早晨一起床到睡覺，他都在鑽研這個難題，通常是在家裡，盡量避免他在普林斯頓大學的日常工作讓他分心。除了妻子，他沒有讓任何人知道自己在研究什麼。為了保持有效的掩護，他按緩慢但夠穩定的節奏發表早期不相關的研究。他打算用這種方式工作很長一段時間。

然後在 1993 年某一天，他解開了！他選擇用有點惡作劇的方式公諸於世。他在英國劍橋的牛頓數學科學研究所（Newton Institute for Mathematical Sciences）做了一連三場演講，講題為「模形式、橢圓曲線與伽羅瓦表現」（Modular Forms, Elliptic Curves, and

Galois Representations）。他的題目並沒有暗示與費馬最後定理的關係。第一場演講之後，聽眾漸漸察覺到他的研究是在展現先前保密、卻有重大價值的多年研究工作。他們開始嘀咕，懷爾斯會不會是準備提出費馬最後定理的證明？來聽他第二場的人蜂湧而出。有人通知了媒體。最後的第三場演講結束前，懷爾斯的鋪陳達到高潮：他證明了費馬最後定理！有位聽眾倒吸了一口氣，緊接著響起一陣歡呼與掌聲。

電視臺的人突然來了，世界各地的記者在報紙上報導他做出的突破。挪威科學與文學院（Norwegian Academy of Science and Letters）把頗具聲望的阿貝爾獎（Abel Prize）頒發給懷爾斯，休閒服飾品牌 Gap 找懷爾斯穿著他們的牛仔褲擔任代言人（他拒絕了），《時人》（*People*）雜誌把他列入「25 位年度最具魅力人士」，與歐普拉（Oprah Winfrey）、柯林頓總統和希拉蕊，以及黛安娜王妃同時上榜。懷爾斯的成就帶來名聲和財富——因為他獲得的多個獎項都有獎金。不過，他在完成證明之後卻覺得惆悵：

> 這顯然是美好的時刻，但我心裡五味雜陳。七年來這一直是我的一部分，是我的整個工作生涯。我把太多精力放在這個問題上，到了真的以為它是我獨占的地步，但現在我要放手了。有一種放棄一部分自我的感覺。[35]

做數學的目的是在過程本身，也就是說，任何一個數學問題的答案，如 $\frac{2}{3}$、17、π 或 $\sqrt{5}$，通常不重要。許多人喜歡把看似難

處理且不相關的細節，整理成幾行數學詩。懷爾斯對於完成探索的惆悵反應是凡人皆有的。[1] 從某種角度來看，他在鑽研懸而未決的問題時最快樂。在努力解決數學問題和人生問題的過程中，享受尋求答案的樂趣，即使要很費力。

問題 23

在懷爾斯找到證法之前，數學家在費馬最後定理上努力了幾個世紀。請試著用重視過程的精神，想想另外一道容易陳述、卻還未解決的著名數學問題：科拉茲猜想（Collatz Conjecture）。若要理解這個猜想：

- 從任意非負整數開始。
- 如果這個數是偶數，就除以 2。若是奇數，則先乘以 3，然後加 1。
- 現在用這個新得到的數字，把上述步驟重做一次。

科拉茲猜想聲稱，如果不斷用你得到的數字重複這個過程，最後都會得到 1 這個數。譬如從 7 開始，整個過程就會像下圖那樣（圖中，箭頭向上表示數字變大，箭頭向下表示數字變小）：

1　結果，有人在他的證明中找到漏洞，於是他又有機會回到他的探索。最後他總算修補了漏洞，讓自己所做的突破禁得起考驗，於是悲傷的過程又開始了。

從這裡開始：

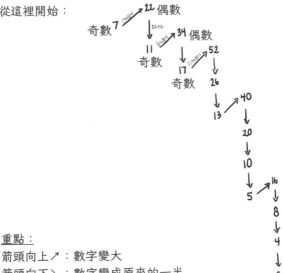

重點：
箭頭向上↗：數字變大
箭頭向下↘：數字變成原來的一半

自己挑個數字，看看最後會不會得到1。然後換個數字再試一次。在做這個題目的同時，你就加入了思考過這道難題的數學家群體。事實上，他們已經檢驗了超過 2^{60} 個（也就是超過一百萬兆）起始數字，而且最後全都會得到1。然而，說不定你會發現一個讓科拉茲猜想不成立的數字？數學家還沒排除這種可能性。在嘗試的時候，別擔心自己到底會不會解決科拉茲猜想，而是要把注意力集中在解題的過程上。在這期間你發現了數字有怎麼樣的行為？設法說出你自己的猜想——跟科拉茲猜想有關，但又和它不同的猜想。然後嘗試證明你所提出的猜想。

24

設計屬於自己的圖樣，
因為潘洛斯鑲嵌圖樣

1982 年某一天，工程師兼材料科學家丹・謝特曼（Dan Shechtman）在看他的電子顯微鏡時自言自語說：「不可能有這樣的產物。」[36] 當時他正在檢查一種鋁錳合金的結構，這種合金有可能使用在航空太空技術上。這些原子的排列模式看起來是非週期性的（非重複性的），但仍是可預測的。當時的科學家普遍認為，晶體結構只會表現出可預測的重複模式。謝特曼向狐疑的科學界宣布他發現準晶體（quasicrystal）後不久，就被趕出實驗室了。諾貝爾化學獎得主萊納斯・鮑林（Linus Pauling）這麼批評他：「謝特曼在胡說八道。沒有準晶體，只有『準』科學家。」[36]

最後科學界總算認定謝特曼的震撼消息，在 2011 年把諾貝爾化學獎頒給他，表彰他發現準晶體的成就。但先前化學家為什麼對謝特曼的發現驚惶失措呢？在 1970 年代，數學家羅傑・潘洛斯（Sir Roger Penrose）設計了他自己的鑲嵌花樣，稱為潘洛斯圖樣

（Penrose Pattern），就跟謝特曼日後會在實驗室觀察到的準晶體有共同的特徵。這是在科學界重複上演的故事；起初數學家發現某個理論數學，後來，而且往往是很久以後，科學家在自然界觀察到這個抽象的概念。假定有潘洛斯先前的發現，也許這個問題不應該是「準晶體怎麼可能存在於自然界？」，而是「我們什麼時候才會在自然界找到準晶體的證據？」

在潘洛斯圖樣出現以前，數學家對壁紙上常見二維對稱花樣的可能種類所知有限。過去大多數人都認為，所有二維圖樣中呈現出來的自相似性（self-similarity），用平移、旋轉和鏡射這三個剛體運動或其組合，就可以完全描述出來。舉例來說，根據平移對稱設計的壁紙區塊，可像我們在電腦上做「剪下再貼上」那樣移動，但不許放大或縮小。把這塊壁紙沿固定的方向移動固定的距離，然後再和自己重合，沒有人會發覺它有移動過：

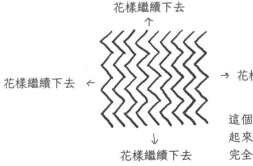

花樣繼續下去

花樣繼續下去 ←　　　　　→ 花樣繼續下去

這個花樣呈現了對稱性，它可以拿起來左右移動，然後放下，和自己完全重合。

↓
花樣繼續下去

另外一種常見的、大家早已了解的二維圖樣，所根據的是旋

轉對稱。你可以把呈現旋轉對稱的圖樣繞著一點剛性旋轉固定的
角度，再回到原來的位置：

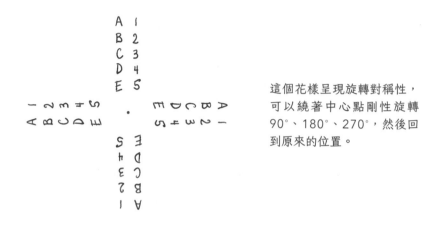

這個花樣呈現旋轉對稱性，可以繞著中心點剛性旋轉 90°、180°、270°，然後回到原來的位置。

　　許多二維圖樣也會使用到大家早已明白的鏡射對稱，在這種
對稱中，可把平面上的圖樣倒映在一條線的另一側，而且會和自
己重合：

花樣繼續下去

花樣繼續下去 ←

→ 花樣繼續下去

花樣繼續下去

這個壁紙花樣呈現鏡射對稱性，可以倒映在兩行鴨子中間的隱形垂直線的另一側，且和自己完全重合。

有些二維圖樣採用了平移對稱、旋轉對稱和鏡射對稱的組合。儘管家飾店有花樣繁多的壁紙可供你選擇，但基本圖樣的種類卻少之又少。根據平移、旋轉和鏡射對稱，或這些平面剛體運動的某種組合所構成的壁紙設計，可以歸類成區區十七種壁紙群（wallpaper group）。

　　潘洛斯圖樣則是不以平移、鏡射或旋轉對稱為基礎的二維圖樣。相反的，這些圖樣會呈現出尺度對稱性（symmetry of scale），我待會就要解釋這件事。先來看一下構成潘洛斯圖樣的兩種幾何形狀「風箏」和「飛鏢」：

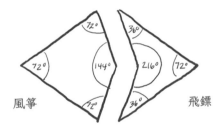

風箏　　　　　　　　　　　　飛鏢

　　假如要用這些風箏和飛鏢做出潘洛斯圖樣，你必須確保它們不會重疊，也不會留下空隙。另外你還要確保，把風箏或飛鏢擺在一起時，下圖所示的那些圓點要對齊：

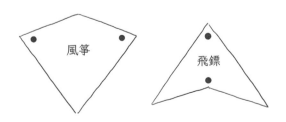

這些（沒有圓點的）風箏和飛鏢雖然可以拼成菱形，也就是四邊相等且對邊平行的二維形狀，不過，這種排法不符合潘洛斯圖樣中圓點要對齊的規定，因此是不容許的。

飛鏢裡的圓點和風箏裡的圓點不相鄰（反之亦然），所以潘洛斯圖樣中不容許這種排法。

由於潘洛斯圖樣設計的圓點對齊規定，把風箏和飛鏢擺在中心點周圍的基本排法只有七種：

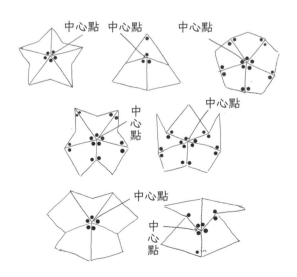

有了這七種可容許的風箏飛鏢排法，你就可以製作出無窮多個潘洛斯圖樣，每一個都能在二維空間中無限延伸，而且都是自我相似的。就如前面提過的，這種對稱是尺度上的對稱，換句話說，如果要畫出潘洛斯圖樣的任何一塊區域，你都可以在給定潘洛斯圖樣的其他地方，找到跟這塊區域一模一樣、只是更大的區塊。這是可能做到的，部分原因是潘洛斯圖樣的任何一塊區域都有可能用較小的風箏和飛鏢密鋪。比方說，小十邊形以大十邊形的版本再次出現，如下圖所示：

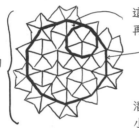

這個小十邊形以大十邊形的模樣
再次出現在圖樣中

潘洛斯圖樣中的
可能區域

潘洛斯圖樣的任何一塊區域都會大大
小小重複無窮多次。

　　令人吃驚的是，這種尺度的自相似性出現無數次。右圖是潘洛斯圖樣的例子，但整個圖樣是無法想像的，因為在設計上它不會重複。

　　最後，謝特曼和潘洛斯都因為各自對科學和數學的貢獻廣受讚譽，包括潘洛斯的爵士爵位。不

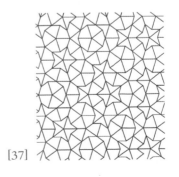

[37]

過，連爵士爵位也無法保護潘洛斯不受到他自己的侮辱。1997 年，跨國公司舒潔（Kleenex）把旗下「菱格紋」（quilted）衛生紙上的花樣，從根據標準剛性對稱（平移、旋轉、鏡射）的重複圖樣，改換成非重複性的潘洛斯圖樣。「菱格紋」圖樣讓衛生紙的蓬鬆度增加了，有些顧客很重視這點。一般來說，衛生紙一放上捲筒架，重複性「菱格紋」圖樣上的凸起和壓紋就會套疊在一起，使衛生紙捲不平整。舒潔公司評估，對同時追求蓬鬆感和美感的衛生紙使用者來說，潘洛斯的非重複圖樣是恩賜。然而，潘洛斯感到惱怒。

大衛・布拉德利（David Bradley）說：「說到跨國公司請英國民眾拿著看似是一位爵士的作品擦屁股，且未經本人許可，那就必須採取行動捍衛權益。」布拉德利是可授權潘洛斯圖樣給他人使用的公司的發言人。[38] 那款衛生紙現在買不到了。

數學和人生可能會考驗你，就像考驗謝特曼和潘洛斯一樣。在你不畏挑戰，繼續前行的過程中，不妨設計出屬於自己的道路（一種圖樣），這也許會幫助你在作出反應方面展現一致性（自相似性）。你採用的圖樣應該是你自己的。如果適合你的圖樣非比尋常，那就不要試圖讓自己相信「不可能有這樣的產物」，更不要讓任何人說服你相信，你能選擇的圖樣種類是有限的，譬如只有十七種。你的人生圖樣應該是屬於自己的，珍惜它，別讓任何人褻瀆它。

問題 24

指出下列幾種壁紙圖樣中的平移、旋轉或鏡射對稱性。要注意，壁

紙可能會有不止一個對稱性，你可以假設壁紙朝四面八方無限延伸。

a

[39]

b

[40]

c

[41]

d

[42]

25
盡量保持簡單，
因為 $0.999... = 1$

0.999... 中的刪節號，代表9這個數字在無限小數展開式中會一直重複出現。因此，這個數不方便帶來帶去，也不好插入方程式，甚至很難描述。不過，如果有別的方法（更簡單的方法）處理像0.999... 之類的數，又不用依靠它代表的數量的近似值呢？

如果花點時間試試這個數字，你可能就會發現：

令 x = 0.999...
則 10x = 9.999...
且 10x - x = 9x
但 9.999... - 0.999... = 9，
所以 9x 必與 9 相等。
又因 9x = 9，就得 x = 1。
但 x = 0.999...
所以得 0.999... = 1 ■ ←

數學家會畫一個實心方塊來表示證明結束。

在數學上，等號確實是「等於」的意思，換言之，1 不單單是 0.999... 的相當不錯的近似值，如果是這樣的話，你只會寫出 0.999...≈1，那個波浪形的等號就代表「約等於」。然而，你卻能寫成 0.999...＝1，這個結果意味著 0.999... 和 1 是相等、可互換使用的數；你可以用更簡單的數 1 代替 0.999...，但不會減少任何資訊。

因為 0.999... ＝ 1，所以在追尋數學和人生志向的過程中要盡量保持簡單。

問題 25

找出 99.999... 這個數的更簡單寫法。

26
用維維亞尼定理，
改變思考的角度

人有時候會覺得，待在同一個地方，人生比較安逸。我們守住自己熟悉的，我們寧願留在自己的舒適圈。改變也許很可怕，就連在非改變不可的時候也是如此。到了非得採取行動時，維維亞尼定理（Viviani's Theorem）會向我們再三保證，改變思考角度之後未必會徹底改變環境。試想一個場景：你站在一個等邊三角形（正三角形）內部的一點上，你可能會看向這個三角形的三條邊，

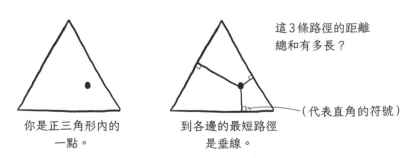

你是正三角形內的
一點。

到各邊的最短路徑
是垂線。

這3條路徑的距離
總和有多長？

（代表直角的符號）

注意到要走到各邊的最筆直路徑是一條垂線。如果你想去三角形各邊以外的世界探險，或許就要穿過這三條路徑。不過，這三段距離的總和有多長？你在三角形內的出發點會不會造成差異？

　　換句話說，如果你要改換出發點，這三段距離的總和會改變嗎？

如果你把這個點放在其他位置，三條垂線到三邊的距離和會改變嗎？

　　維維亞尼定理向你保證，你從三角形內的哪個位置出發都沒關係；這三條垂線到三邊的距離之和永遠是一樣的。此外，這個總和還會等於三角形的高。

小寫字母代表線段長。

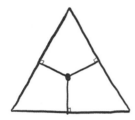

維維亞尼定理是說：h=a+b+c=d+e+f=g+h+i

　　為什麼維維亞尼定理是對的？最初的證法要靠大量的代數，

然而數學家川崎謙一郎（Ken-ichiroh Kawasaki）提出了一個簡潔的圖像證明 [43]，先檢查一個例子，然後意識到這個例子的論證對任何一個例子都成立。所以我們就來考慮下面這個例子：

首先，畫出三條通過已知點的直線，每條線都要和三角形的其中一邊平行。

畫線的過程中，你已經確定了三個較小的正三角形。

在每個小正三角形畫出一條白線，你就可以確定到三邊的初始垂線路徑。

現在轉動三個小正三角形，讓其中的白線（它們的高）呈縱向。要注意，由於這些三角形是等邊的，它們的高在所有的方向上都是相等的；此外，由於「等邊」，這些小三角形旋轉之後也會回到原來的位置。

旋轉一下，讓中線呈縱向。

旋轉

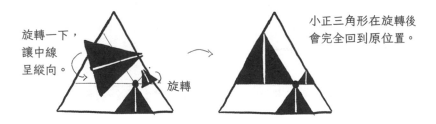

小正三角形在旋轉後會完全回到原位置。

現在，把一個小三角形往上移，讓它擺進大三角形的尖端。在這裡你有兩個選擇，不管選哪個都是可接受的。

假設你選擇把三個小三角形當中最大的那個滑到大三角形的尖端。這個小三角形的高現在有一部分和大三角形的高重合。接著，水平移動兩個小三角形，讓它們的高也和大三角形的高重合。

……或是把較小的
三角形滑到頂端。

你可以把大的三角形往上滑……

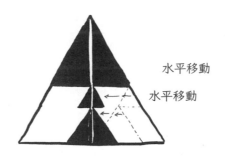

水平移動

水平移動

要注意，這些水平移動是剛性的，所以不會改變各自的高。

維維亞尼定理指出，從正三角形內的任一點到三邊的垂直距
離和，會等於給定正三角形的高。由於這個論證不用依靠初始點
所放的位置，因此垂直距離之和不會因點而異。

維維亞尼定理為追尋人生和數學志向提供了一種象徵，那就
是：改變你的思考角度未必會改變一切。如果挪動了位置，你的
道路也許會不同，但歷程的某些方面可能會、也往往會保持不變。

問題26

為了確信維維亞尼定理可適用，一開始必須採用正三角形，如果一開始不是正三角形，會發生什麼情況？也就是說，如果你把一點放在非等邊三角形內，是否還能保證，不論那個點放在哪裡，它到各邊的垂直距離之和都是定值？請解釋為什麼這些距離在所有情況下都會相等，或是舉一個總和不相等的例子。

提示：每當你遇到這種要你證明或舉出反例的題目，先找反例。如果找到了一個反例，你就做完了，因為一個反例就夠了。如果找不到反例，你也很可能已經了解為什麼反例不會存在，而這也許能讓你架構出一個證明題目陳述的論點。

27
在莫比烏斯帶上探險

網球有兩個面,即裡面和外面,但沒有邊。如果你小到可以在網球上四處走動,那就非得待在外面不可,因為沒有路徑讓你穿越到裡面。

在這顆網球外面走動的時候,
沒有路徑可通往裡面。

此外,一張紙有兩個面,即正面和背面,還有一條把兩個面隔開的邊界。如果你小到可以在一張紙的正面散步,那就必須跨過這張紙的邊界才能走到背面。

現在考慮在兩個物件上散步:一個圓環和一個莫比烏斯帶。在繼續進行前,你應該各做出一個,做法不難,而且一邊做一邊會提升你探究後續問題的能力。如果要製作圓環,可先拿大約 18 公分長、3 公分寬的長方形紙條。(紙條的精確大小其實不重要;只要

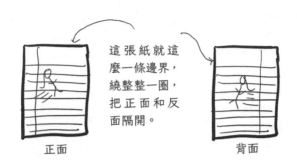

這張紙就這麼一條邊界，繞整整一圈，把正面和反面隔開。

正面 　　　　　　　　　背面

長一點的長方形紙條就行了，大小不拘。）把兩端的短邊黏起來，就做成了一個圓環。

製作圓環：

①先準備一張長方形紙條。

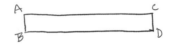

②把短的兩端對在一起。

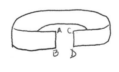

③用膠帶固定住。

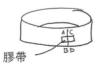

膠帶

你看，圓環做好了！

　　要製作莫比烏斯帶，就再拿一段長一點的長方形紙條，但這一次，要先把紙條扭轉半圈，再把兩端黏起來。瞧！這就是個莫比烏斯帶。

①先準備一張長方形紙條。

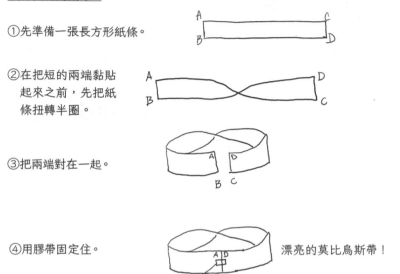

②在把短的兩端黏貼
　起來之前，先把紙
　條扭轉半圈。

③把兩端對在一起。

④用膠帶固定住。　　　　　　　　　　　　　漂亮的莫比烏斯帶！

　　就像思考網球和紙張的邊界和面一樣，想想你所做的圓環和
莫比烏斯帶的邊界和面。先繞著圓環的邊界「走一走」吧。你注
意到什麼事？

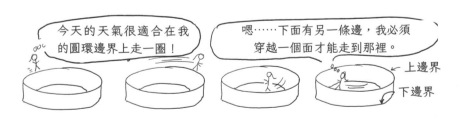

今天的天氣很適合在我
的圓環邊界上走一圈！

嗯……下面有另一條邊，我必須
穿越一個面才能走到那裡。

上邊界

下邊界

你一邊「走」，可能會一邊注意到，自己所走的邊界跟看似是圓環的另一條不同邊界，是明顯不一樣的。如果你想從自己出發的邊界走到另一條邊，就必須跨離你所走的邊，穿越圓環的其中一個面，然後才能到達另一條邊。

同樣的，假如你在圓環的其中一個面上，你想走到同一面的哪裡，就能走到哪裡，不用穿越邊界。若要走到另一面，即不同的第二個面，就必須跨過邊界。根據這種在圓環上步行的探險，你大概會判定圓環不但看起來有，而且確實有兩個面和兩條邊。

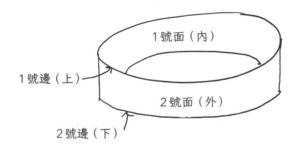

到目前為止，你的研究調查透露了以下這些事：

物件	邊數	面數
網球	0	2
紙張	1	2
圓環	2	2

請注意，上述這些物件都有兩個面，換言之，它們要麼有內外兩面，要不就是有正面和背面。花點時間思考一下，你是不是認為物件有可能只有一面。只有單面的物件會是什麼樣子？

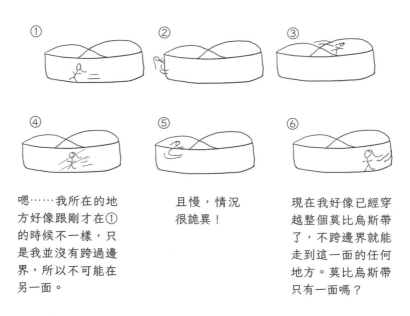

① ② ③
④ ⑤ ⑥

嗯……我所在的地方好像跟剛才在①的時候不一樣，只是我並沒有跨過邊界，所以不可能在另一面。

且慢，情況很詭異！

現在我好像已經穿越整個莫比烏斯帶了，不跨邊界就能走到這一面的任何地方。莫比烏斯帶只有一面嗎？

　　你能想像出這樣的物件嗎？如果不行，就花點時間研究莫比烏斯帶上的世界。從你製作的莫比烏斯帶的其中一個面出發。不妨用麥克筆標出你走的路線。沿著莫比烏斯帶的邊界走動時，你會發現什麼現象？有沒有非得跨過邊界才能走到的另一個面？

　　如果你再怎麼努力，都沒找到莫比烏斯帶上你走不到的另一「面」，那是因為沒有其他的面了。莫比烏斯帶只有單面。

　　現在再來找找你製作的莫比烏斯帶有多少條邊界。帶著你的

麥克筆去莫比烏斯帶的邊界上「走走」，走到你返回起點為止。你有沒有注意到什麼？

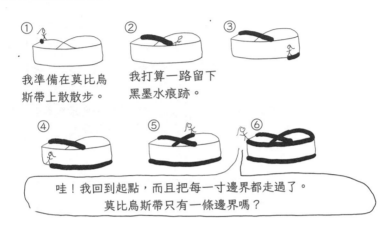

① 我準備在莫比烏斯帶上散散步。

② 我打算一路留下黑墨水痕跡。

哇！我回到起點，而且把每一寸邊界都走過了。莫比烏斯帶只有一條邊界嗎？

　　你留下墨水痕的足跡已經替整條邊界著色了，沒有其他的邊。莫比烏斯帶只有一個面和一條邊。

　　你對於有序世界構成物的看法，依靠直接的經驗。如果你只接觸過有裡外兩面，或有正反兩面的物體，那麼發現一個有裡面卻沒有外面，或有正面但沒背面的物體，可能就會讓你感到意外。探索數學和人生的志向，會擴展你的觀點，世界觀擴展開來之後，你會覺得呼吸變輕鬆了，甚至還能露出更多笑容。畢竟現在你知道居然有單面、單邊物件這樣的東西。

問題27

拿起你製作的圓環和莫比烏斯帶，想像自己照著下圖所示的方式，

把兩條環帶從中間剪開。

沿著中間的虛線剪開你的圓環。

沿著中間的虛線剪開你的
莫比烏斯帶。

你認為會剪出什麼樣的物件？產生的物件會有多少條邊和多少個
面？提出你的猜測之後，請按照指示剪開兩個環帶，驗證你的猜測
對不對。

28
要好辯，因為質數無窮多

你會不會為自己的看法情緒激動起來，不管是數學上的還是其他方面的看法？也許你的脈搏加快了，也許你想跺腳或大喊：「絕對不可能是這樣！」請把這股熱情投入到你的數學工作中，因為許多最棒的數學論證都來自想要反駁給定陳述的渴望。平心靜氣被過度吹捧了，喧鬧的爭論也許會有深刻的見解。偶爾要致力於唱反調。

考慮下面這個問題：質數的個數是有限的，還是無窮多？回想一下，質數就是比 1 大，且只有 1 和本身這兩個因數的自然數（正整數）。舉例來說，自然數 5 是質數，因為它的因數只有 5 和 1，同樣的，17 也是質數，因為它的因數只有 1 和 17；然而 12 不是質數，因為它有 1、2、3、6 和 12 這些因數，同理，9 也不是質數，因為它的因數有 1、3 和 9。

把質數由小到大依序列出來，就像這樣：

2, 3, 5, 7, 11, 13, 17, 19, 23, 29, 31, 37, 41, 43, 47, 53, 59, 61, 67, …

質數在數學家眼中的特殊性，就像化學家看原子一樣。正如原子是物質最小的不可分割單元，質數是我們的數系中最小的不可分解單元。就像原子可以透過化學鍵結合起來，組成宇宙中所有的物質，質數也可以透過乘法結合起來，組成自然數宇宙裡所有的數。

譬如60是自然數，但不是質數，你可以只用比它小、不可分解的質數及乘法來寫出60，如下所示：

$$60= 2\times2\times3\times5$$

事實上，任何一個自然數都可以寫成質數的乘積。此外，如果你同意像這樣把相乘的質數由小到大寫出來，這個數寫成質數乘積的分解式就是唯一的。

為了完整列出自然數，你可以從1和完整的質數集合開始。[1]質數列得不完整，就沒辦法產生所有大於1的自然數。舉例來說，如果質數表（列有最小、不可分解的自然數的數字表）遺漏了5，那麼就無法透過乘法從這個表得到5這個數。此外，如果你的質數表遺漏了5，你就沒辦法利用乘法得到一堆自然數，包括10、15、20、25等等。為了得到所有不是質數的自然數，你就需要1和完整的質數表。質數集合是把事情做好的最小集合。

想想「質數之於自然數就如原子之於物質」的類比，在你思

1　請注意，質數是自然數，然而自然數未必是質數。

考質數是有限個還是無窮多個的時候，或許可從元素週期表尋找靈感。一種元素完全由一種原子組成，週期表列出了118種元素，宇宙中所有的（非暗）物質就是其中大部分元素以不同的組合方式結合所構成的。[2]比方說，大象沒有列在元素週期表上，但週期表上有構成大象的所有必需元素，同樣的，週期表上的元素也可以結合起來構成空氣、呼拉圈、鉛筆、血液、行星、熔岩、鼻涕、黑洞、汽車和宇宙中的所有其他物質。很不可思議吧？相對於「世上一切物質」的浩繁，118或比118再多一點的數目根本不算大。根據這個類比，你大概會冒險猜測質數的個數是有限的，就像週期表上的元素一樣。不過，任何一位數學家都會告訴你，質數事實上有無限多個。

但不要信以為真。如果你沒有辯論就接受別人說「質數有無限多」的說法，就無法理解證明這個陳述的根本理由。為什麼不嘗試爭辯呢？最壞的結果是，你逼自己更投入到問題中——這根本不是壞的結果。最好的結果，是你督促自己更深究問題，把最初的誤解弄明白——這確實是很好的結果。

數學家總是透過反駁來爭辯，他們很常用這種做法，還給它一個正式的名稱：「反證法」（proof by contradiction，或稱歸謬法）。支持「質數無窮多」這個主張的最著名論證，是先假設質數個數是有限的。（別忘了事實是：質數有無限多個。）下面就是這個論證，但呈現的形式並不是某位數學家為大眾解釋清楚然後寫出來，而是

---

2   量子力學模型容許更多元素，不過個數仍是有限的（除非目前主流的原子理論要徹底改革）。

那位數學家在寫出證明的時候腦中可能上演過的小劇場。楷體字是數學家個人的想法，**粗體字**代表感受很強烈的想法，加上<u>底線</u>表示大聲吶喊，手寫字表示該數學家平靜下來的時刻。

求證：質數有無窮多個。

反證法（歸謬法）：

我絕不可能相信質數有無窮多個！

我依然堅持要以假定質數是有限多個的世界觀繼續做下去。

既然質數的個數是有限的，就一定有個最大的質數。

我要把那個最大的質數稱為 P。

我想一個人好好試一試。

如果我考慮一個比 P 更大的數，稱它為 N，會發生什麼事？

因為 N 大於 P，而 P 又是最大的質數，所以 N 不是質數。

讓我拿某個絕對大於 P 的 N 試一試。

我會試：$N=(2×3×5×7×\cdots×P)+1$。也就是：

令 N 為所有小於它的質數的乘積再加上 1。

我所造出的 N 一定比 P 大。我是故意這麼做的。

別忘了 N 絕對不是質數。

既然 N 不是質數，它一定可被某個小於它的質數整除。

比 N 小的質數有：$2, 3, 5, 7, \ldots, P$。

2 是可以整除 N 的質數嗎？

2 能整除 $(2×3×5×7×\cdots×P)$，但不能整除「+1」的部分，所以 2 不能整除 N。

3是可以整除N的質數嗎？

3能整除$(2\times3\times5\times7\times\cdots\times P)$，但不能整除「+1」的部分，所以3不能整除$N$。

同理，$5, 7, \ldots, P$這些質數都不能整除N，因此N沒有質因數。現在我深信N一定是質數。

糟糕！先前我說N絕對不是質數！

我很有把握，N不可能既是質數又不是質數。

我的論證建立某個假設的基礎上，所以我一定是在那個假設中犯錯了（**啊！**）。

讓我倒回去找一找讓我誤入歧途的假設。

但我只做了一個假設：質數的個數是有限的。

哎呀！現在我明白，做這個假設就錯了，因為它最後導致一個愚蠢的陳述：N這個數既是質數又不是質數。

我最好倒退回去修正這個錯誤的假設。**我可不想看起來像笨蛋一樣！**

換句話說，質數的個數一定不是有限的。

噢，我現在知道質數一定有無窮多個。

我這一路走來可能迂迴曲折，但我找到了自己的通往真理之路。

現在**我真的**相信質數有無窮多個！

現在我感到平靜了，甚至感到開心。

質數有無窮多個。

這是一趟令人滿足的知識歷程。

當然，數學家在寫下他們的證明時，並不會用「糟糕！」「哎呀！」「我不想看起來像笨蛋！」之類的字句和措辭。此外，他們也會刪掉碎唸，並採用第一人稱複數而不是單數，以表示對前面所有數學家的尊重。不過，我的一刀未剪證明卻顯示出讓反證法很出色的好辯特質。看看愚蠢的假設會把你帶往何方，熱烈爭辯。如果你走錯方向，就退回到論證中最後一個好的地方，做修正，然後再次前進。在辦公桌前工作的數學家，就像在工作室作畫的畫家一樣，會把東西弄得亂糟糟的。早期階段的沉著鎮靜被過度吹捧了。在你的數學和人生志向上，要會唱反調，因為你的熱情可能會帶來進展。

問題28

非質數有無限多個嗎？證明你的答案是對的。

29
可能的話就合作，
因為賽局理論

數學的一個分支「賽局理論」（game theory）當中的「賽局」（game），是指決策者之間的策略相互影響。試想賽局理論中的著名例子：囚徒困境。在這個故事裡，你和同夥去搶銀行，犯案後你們把贓款藏在銀行外的垃圾箱裡，然後飛車逃逸。你們在離銀行不遠的地方被逮，帶到警察局，分別關在不同的牢房裡。你們兩人都帶著槍枝，所以都可能因持有槍械判罪。警方雖然懷疑你和你的同夥搶了銀行，但沒有充分的證據，無法在缺乏供詞的情況下定你們任何一人的罪。在你和你的同夥分開偵訊的時候，你們都得到了警方提供的交易：

- 如果你和你的同夥都坦承搶劫，就各減刑一年，要為持有槍械和搶銀行服刑兩年。
- 如果你們兩位只有一人招認，那麼認罪的人完全不用服

刑，沒認罪的人要為持有槍械和搶銀行服滿三年的刑期。

- 如果你和你的同夥都不承認搶銀行，警方就沒有充分證據認定你們兩人的任一人犯下搶劫罪行。在這種情況下，你們各要為持有槍械服刑一年。

你可以把這些資訊整理成一個圖表：

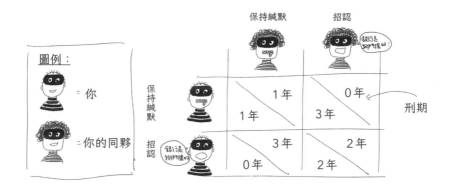

假設你對你的同夥並不忠誠，你唯一的目標就是讓監禁的時間減到最少。你決定招認還是保持沉默？

雖然你不能和你的同夥交談，但可以仔細考慮對方的可能行動。先考慮同夥保持沉默的情境。

如果你的同夥保持沉默，你要麼被判一年徒刑（也保持沉默），要麼獲釋（認罪）。因此，如果同夥保持沉默，認罪對你比較有利。

現在考慮同夥認罪的情境。

如果你的同夥認罪，你要麼被判三年徒刑（保持沉默），要麼

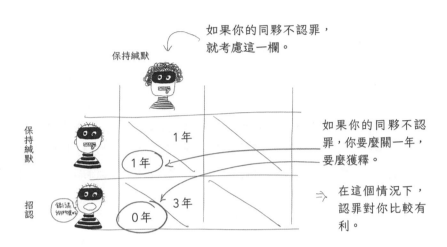

如果你的同夥不認罪，
就考慮這一欄。

如果你的同夥不認罪，你要麼關一年，要麼獲釋。

⇒ 在這個情況下，認罪對你比較有利。

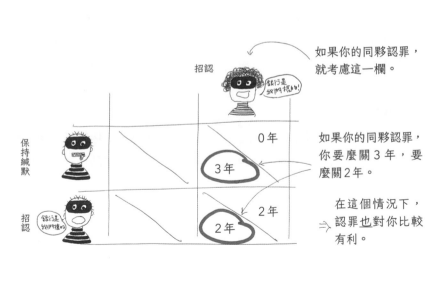

如果你的同夥認罪，
就考慮這一欄。

如果你的同夥認罪，你要麼關 3 年，要麼關 2 年。

⇒ 在這個情況下，認罪也對你比較有利。

判兩年（也認罪）。因此，如果同夥認罪，你也認罪比較有利。

　　不管同夥採取什麼行動（保持沉默或認罪），在你無法與你的同夥合作時，認罪對你較有利。假定你的同夥的動機也是減刑，就會採用同樣的邏輯，因此你的同夥也會認罪。你們兩人都認罪時，都會判兩年徒刑。[1]囚犯困境很有趣，因為基於獨立、個人決定的最終結果，並不是最好的總體結果；換句話說，如果你和同夥能夠合作，你們就可能會同意保持沉默，這樣兩人都判刑一年而不是兩年。

　　囚犯困境是具有實用性的賽局理論思維鍛鍊。人、機構和國家在人際、商業或政治協商中合作，是很明智的。舉例來說，兩國不同意合作裁減核武，可能就會走向比兩國合作更糟糕的結果。在數學和人生志向方面合作時，你也許會開闢出一條路，通往整體上比你堅持要單獨行動更好的結果。

問題 29

第二次世界大戰後，美國與蘇聯陷入冷戰，這種關係影響到決策者之間的策略互動，因此可以視為可能有多個回合的數學賽局。賽局的規則也許如下所述：

1　你們已經達到賽局理論當中的納許均衡（Nash equilibrium），這個概念是以美國數學家約翰‧納許（John Nash）命名的，他是諾貝爾經濟學獎得主，也是《美麗境界》這本傳記和同名電影的傳主。在兩個或多個參與者的非合作賽局中，納許均衡就是指每個參與者在即使知道其他參與者的策略，也沒有想要改變策略的動力的情況下，所做出的一系列選擇。

- 如果其中一國在某個回合動用核武，而另一國沒有，動用核武的國家就在該回合獲勝。
- 如果兩國在某個回合都動用核武，那麼雙方都輸掉該回合。
- 如果兩國在某個回合都沒有動用核武，那麼該回合雙方都獲勝。
- 如果其中一國在某個回合動用核武，另一國就會在下一回合動用核武。

把這些可能的勝負結果整理成一個表。假設對每個國家來說，輸掉且導致完全毀滅的回合數是未知但有限的。如果不許參與者合作，賽局會如何結束？如果容許參與者合作，賽局又會如何結束？

30

考慮人跡鮮少的路，
因為約當曲線定理

詩人羅伯特・佛洛斯特（Robert Frost）在〈未走之路〉這首詩中，可能一直在談約當曲線定理（Jordan Curve Theorem），他在詩中寫道：

……樹林裡岔出兩條小路，而我
——我選擇了人跡鮮少的那條，
而之後的一切就此不同。[44]

約當曲線定理是在描述單純閉曲線（simple closed curve），而在考慮「人跡鮮少的」曲線時最受賞識。曲線是平面上的一條線，有起點也有終點，可能是直的、彎的或波浪起伏的路徑。以下舉

了幾個以 A 為起點、B 為終點的路徑例子：

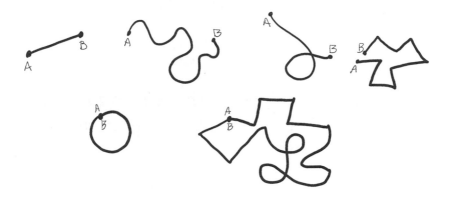

　　單純曲線（simple curve，或稱簡單曲線）是指不會和自己相交的曲線，但它的起點與終點有可能是同一點。

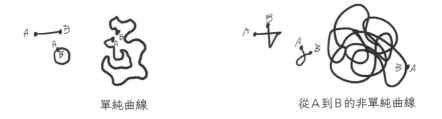

單純曲線　　　　　　　　　　　　從 A 到 B 的非單純曲線

　　閉曲線（closed curve，或稱封閉曲線）就是指起點和終點相同的曲線。你可以把閉曲線想成一個環圈，而把非閉曲線想成一段繩子，可能是筆直的、曲折的或在風中擺動的。曲線有可能是單純又封閉、單純但非封閉、封閉但非單純，或非單純也非封閉。

單純閉曲線 | 單純非閉曲線 | 封閉的
非單純曲線 | 非單純非閉曲線

約當曲線定理是說，平面上的每條單純閉曲線都會把平面分成「內」與「外」。進一步說，內外之間的邊界就是這條曲線本身。

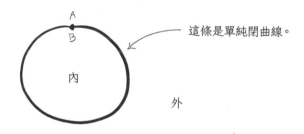

這條是單純閉曲線。

這段陳述看起來可能不深奧，尤其是所考慮的單純閉曲線「很容易」或「很明顯」的情況下。

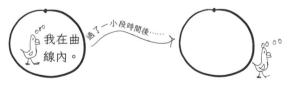

現在我在曲線外。為了走到這裡，我穿過曲線內外的分界線。

我該覺得很感動嗎？

在其他時候，判定你是在曲線內還是外，會需要花一點工夫。也就是說，有的曲線可能會讓你懷疑「內」和「外」到底是指什麼。

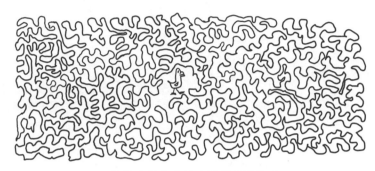

這隻鴨子在曲線內還是曲線外？

要判定一個點是在單純閉曲線之內還是之外，首先要畫出一條連起該點和另一個顯然落在曲線外的點的連線。

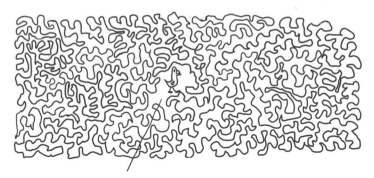

畫一條線把鴨子和曲線外的點連起來。

然後，數一數你所畫的這條線與曲線交叉的次數。假如這條

線和曲線相交了奇數次，你就在曲線內，若交叉了偶數次，你就在曲線外。把上圖中雜亂曲線裡的鴨子放大之後，如下圖所示：

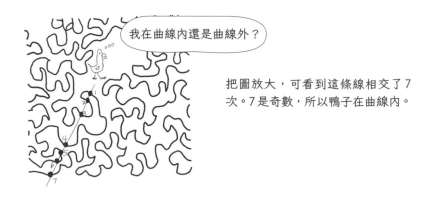

我在曲線內還是曲線外？

把圖放大，可看到這條線相交了7次。7是奇數，所以鴨子在曲線內。

要注意的是，非封閉曲線並不會把二維平面分成裡外兩面。

糟糕！我想走進去，可是那條非封閉曲線沒有裡面。

約當曲線定理看似理所當然，但前提是你考慮的是普通的曲線。約當曲線定理的威力，在於它對數學家所稱的「病態」曲線也適用。病態（pathological）曲線是指缺乏良態（well-behaved）曲線特徵的曲線，舉例來說，良態的閉曲線長度通常會是有限的，而

且在有限的區域內。因此，儘管沒有寬度，卻能填滿有限區域的封閉空間填充曲線（space-filling curve）[1]，被視為是病態的。在考慮單純封閉的空間填充曲線圖片時，約當曲線定理似乎一點也不明顯。空間填充曲線甚至不像曲線，因為顧名思義，它把整個空間填滿了。

這是個空間。

這是一條空間填充曲線的起點，這條曲線會把這個空間填滿。為了確保它是封閉的，就要讓終點即為起點。

一條空間填充曲線

空間填充曲線一完成，它就……嗯……把整個空間填滿了。

　　約當曲線定理保證的「內」「外」區域在哪裡？空間填充曲線要怎麼擔當兩者間的邊界？

我正走近一條空間填充曲線。我在曲線外嗎？如果在外面，約當曲線定理保證的內面在哪裡呢？假如我在裡面，外面又在哪裡？

1　在第44章〈順從你的好奇心，沿著空間填充曲線前行〉會討論空間填充曲線。

此外，良態的曲線通常是平滑的，所以科赫雪花（Koch snowflake，一種形似雪花的閉曲線）[2]不算是良態的，因為它的形狀極為參差。我在下圖竭盡所能畫出科赫雪花，但要真正「看到」它，你必須想像有無限多個參差的點，而不是我過分簡化，只有有限個點的略圖。

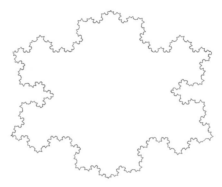

　　藉由科赫雪花，我們可能比較容易想像出一個可大概認定為曲線「內」的區域，及另一個可大概認定為曲線「外」的區域。不過，非常靠近曲線的點就比較難歸類了。接下來，你繼續把科赫雪花的邊界弄得更曲折，非常靠近曲線的點看上去就會像是時外時內。你究竟要怎麼確定，某個靠近曲線的點落在這一側還是那一側？

　　在人生和數學道路上，你每天都有所抉擇。佛洛斯特在〈未走之路〉這首詩中悲嘆，他得在兩條小路間抉擇：

2　科赫雪花是由幾條科赫曲線組成的，這種曲線會在第 45 章〈用分數維訓練你的想像力〉討論。

可惜我無法兩條都走
我這個過客，佇足許久
極目遠眺一條路的盡頭
望向樹叢彎曲處。[44]

最後，佛洛斯特選了「人跡鮮少」、「蔓徑荒草，人跡罕至」的路。也許那條小路會通往十分陰暗的樹林，讓他懷疑自己是在裡面還是外面。也許小徑荒草蔓生的邊界會像科赫雪花極度參差的邊緣一樣幽暗不明。若是如此，再假設他走上的是封閉的路徑，那他至少可以從約當曲線定理的保證中獲得象徵性的安慰：確實有裡面和外面，而且還有邊界。

面對數學或人生的選擇時，不妨考慮人跡鮮少的路：追尋與眾不同的興趣，向專注於自己的專業之人學習，或是在你認為自己完成很久之後再去從事一個主題。有時，人跡罕至的路會讓一切變得不同。

問題30

約當曲線定理是否適用於下面這些曲線？如果適用，判定這隻鴨子在曲線內還是外；如果不適用，請解釋為什麼不適用。

31

探究一番，因為黃金矩形

據說自然界有數學模式存在，但這究竟代表什麼意義？是指令人賞心悅目的貝殼用數學設計出自己的圖案？還是說，數學家把數學結構加在已經形成的貝殼上？不論是哪種情形，貝殼都不會說，因此就留給數學家去探究。對數學家來說，「探究」是表達「玩」的華麗字眼。在設計上，玩不應太過以目標為導向，間接甚至毫無章法的方式，反而有可能促成意料之外的發現。不論你的發現對數學界是重大新聞，或只對你是大事，所帶來的竊喜和滿足感是同樣美好的。

舉例來說，也許你打算探究（玩一玩）矩形。探究矩形的計畫提供了方向，但沒有設下許多限制。開始探究時，你可能會注意到不同的矩形有不同的長寬比。為什麼要考慮長寬比？沒有特別的理由。換言之，探究長寬比只是嘗試不同矩形的玩法。要記住，你的工作就是玩，你不是在找什麼東西。就這樣，你探究了各種矩形的長寬比：

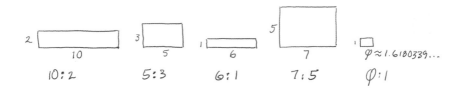

進行探究時，最好能考量不同的例子。我在這裡畫出了長寬不一的矩形，包括一個叫做黃金矩形的矩形。黃金矩形是指邊長為黃金比例 φ：1的矩形，φ這個希臘字母的發音為「phi」，它的值大約等於1.6180339...。在你的數學探究中，除了考慮更多一般性的例子，考慮特例或不尋常的情況通常是很好的做法。

若要繼續玩，你可能會注意到每個矩形裡面都有一個正方形，它的邊長與矩形的短邊長度相等。譬如上圖所繪的矩形，裡面的正方形會像這樣：

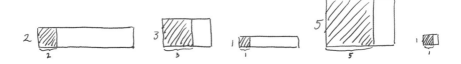

看出每個矩形內的正方形的過程，會凸顯出原本就個矩形內的小矩形（次矩形）。在上面的例子中，這些次矩形看起來像：

或許你可以探究每個矩形和它的次矩形的長寬比：

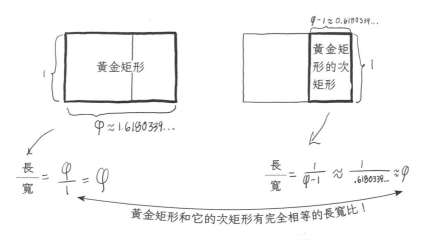

原本的長寬比： 10:2　　　5:3　　　6:1　　　7:5　　φ:1

次矩形的長寬比： 8:2　　　3:2　　　5:1　　　5:2　　1:φ-1

比如說，第一個矩形的長寬比為 $10：2$，可以寫成 $\frac{10}{2}$，而這和 $\frac{5}{1}$ 相等；它的次矩形的長寬比是 $8：2$，可以寫成，也就是 $\frac{8}{2}$。在這個探究過程中，要注意 10×2 的矩形與它的 8×2 次矩形有不同的長寬比。5×3、6×1 和 7×5 矩形及其各自的次矩形，也會是這種情形。

然而，黃金矩形（$\varphi\times1$矩形）就不一樣了。不妨花點時間探究黃金矩形和它的次矩形的長寬比：

$$\frac{長}{寬}=\frac{\varphi}{1}=\varphi \qquad \frac{長}{寬}=\frac{1}{\varphi-1}\approx\frac{1}{.6180339...}\approx\varphi$$

黃金矩形和它的次矩形有完全相等的長寬比！

不像其他的矩形，黃金矩形及它的次矩形有完全相等的長寬比，這件事代表黃金矩形的次矩形本身就是黃金矩形。因此，黃金矩形的次矩形的次次矩形，還是黃金矩形──這個過程可以一直繼續下去！

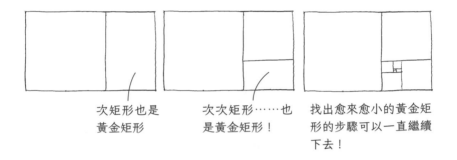

次矩形也是
黃金矩形

次次矩形……也
是黃金矩形！

找出愈來愈小的黃金矩
形的步驟可以一直繼續
下去！

　　如果你在探究中發現類似這樣的有趣之處，就繼續探究下去。如果你能學會自己畫出黃金矩形，也許就會更加了解它的原理。你可能會從正方形開始，因為你最初的探究一開始就是要在每個矩形中找出正方形。

現在，你需要找個方法為這個正方形添磚加瓦，希望結果會是個黃金矩形。好，先延長底線，為你想召喚的矩形提供空間：

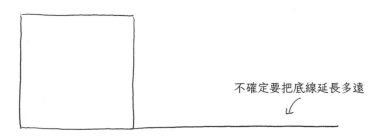

不確定要把底線延長多遠

你需要找出方法確定底線上的一個點，來標示你要找的矩形的端點。幾次錯誤嘗試後，你決定要確定正方形底邊的中點。你沒有圓規，只好將就用圖釘、牙線和鉛筆。

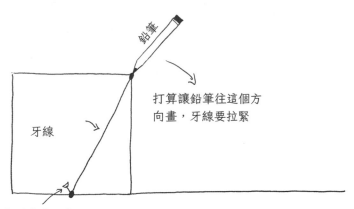

鉛筆

牙線

打算讓鉛筆往這個方向畫，牙線要拉緊

釘在正方形底邊的中點

把圖釘釘在底邊的中點，鉛筆在正方形的右上角，然後用牙

線拉住鉛筆，畫出一條與底邊相交的弧。

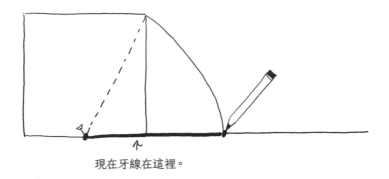

現在牙線在這裡。

　　你把弧與底邊的交點標出來，同時擦掉右邊的那段底線。如果你的正方形邊長是一單位長，就會發現你最後畫出的底線長度是 φ=1.6180339...。（請記住，這個結果是在幾次嘗試錯誤之後才會出現。有時你確實很走運。）現在你可以把邊長延長，畫出你的黃金矩形。

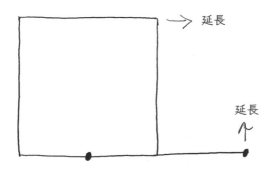

延長

延長

你已經排演過自己創造出黃金矩形的方法。

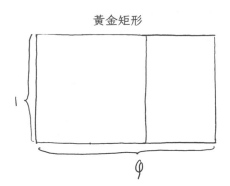

黃金矩形

為了繼續玩，你可以在次矩形、次次矩形練習你的方法。

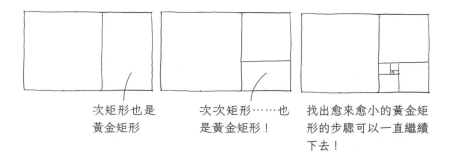

次矩形也是
黃金矩形

次次矩形……也
是黃金矩形！

找出愈來愈小的黃金矩
形的步驟可以一直繼續
下去！

　　好啦，現在你在玩耍（呃，也就是探究）中找到充滿樂趣的經
驗了。不用多久，你就會在草圖中出現的每個正方形裡，憑靈感
畫出四分之一圓弧。

　　你把連接起來的弧稱為黃金螺線。（你沒有意識到這是它的公認
名稱；你自己偶然發現了這個螺線，然後考量到這種矩形的名字，就決定用
唯一有道理的名稱來稱呼它。）想法從你的腦部流向你的鉛筆，你想

看看沒有黃金矩形鷹架的曲線會是什麼模樣。所以，你擦掉這些線條，然後畫上其他的線條，只是為了好玩或漂亮，或者天曉得為了什麼。

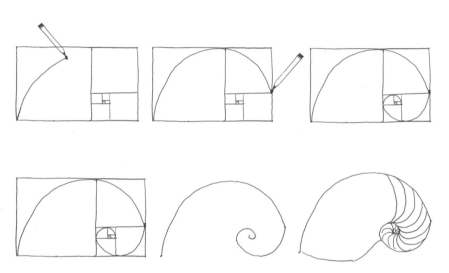

　　突然間，你被帶回到六歲時某天去海灘玩的情景。你身上穿著圓點點泳衣，手裡拿著快要融化的冰棒，停下腳步欣賞一件貝殼。它看起來像海灘上其他一千個貝殼，但吸引你目光的就是這一個。現在你明白，你當時感受到的不用言語、寂靜的喜悅，和探究數學與人生息息相關。

黃金三角形是指兩腰與第三邊的長度比為1：φ的等腰三角形。[1]黃
金三角形的內角分別是72°、72°和36°。

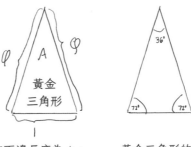

有兩邊長度為φ，　　　　　黃金三角形的內角是
一邊長度為1。　　　　　　72°、72°和36°。

如果畫出其中一個72°角的角平分線（也就是把這個角二等分的線），
你就會在原來的黃金三角形裡面得到一個更小的黃金三角形（次黃金
三角形）。

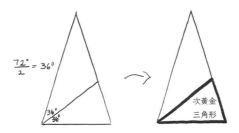

如果你把其中一個72°角二等分，
就會得到一個次黃金三角形。

1　等腰三角形就是有兩邊長度相等、兩個角相等的三角形。

探究（玩一玩）這個黃金三角形。你能不能在給定的黃金三角形裡面，找出幾個更小的黃金三角形？你能不能找到黃金螺線？

32
就像調和級數會無限制增大，
小步進展也不錯

阿基米德悟出他排出的水量和身體浸入水中的體積相等之後，跳出浴池[1]大喊「我發現了！」，這想必很有趣。誰不喜歡豁然開悟的「啊哈！」瞬間？很可惜，在數學或人生方面不是每一刻都值得歡呼。不過，別小看自己為了有所進展而跨出步伐的小小力量，這些小步有可能日積月累，變成深刻的見識。

思考數字的無窮總和（無窮級數）的累積過程，可能會很有用。如果你打算問，你會不會長生不死，我大概會告訴你，如果首先你活過今天，然後增加一天的壽命，接著再增加一天，一次增加一天，一直增加下去，那麼理論上是有可能的。在這種情況下，你可能已經活過 $1+1+1+1+\cdots$ 天，其中的每個「1」代表一天的壽命，「$\cdots$」表示你繼續加其餘的天數。要注意的是，即使你已

1　阿基米德在澡堂裡的故事，見第9章〈學學阿基米德，環顧周遭動靜〉。

經加到第一百萬個1或第十億個1，這個總和也不會終止。這個帶有無窮多個項的總和，會無限制增加下去。

不過，如果在無窮總和的每一步，你只加代表一天的幾分之幾的那些分數呢？你還會或還有可能長生不死嗎？不妨從一天開始考慮，然後增加半天，接著是四分之一天，然後加八分之一天，以此類推。也就是說，後一項的天數長度都是前一項的一半。如果你活了這麼久，你還會活多久？你可以把這個總和寫成：

$$1 + \tfrac{1}{2} + \tfrac{1}{4} + \tfrac{1}{8} + \tfrac{1}{16} + \tfrac{1}{32} \cdots$$

在這個總和中，你會一直加上正數，永遠不會停止，但時間愈久，你所加的正數會愈來愈小。不過，你要怎麼把有無窮多項的總和相加起來呢？若要思考這個總和，不妨考慮下面這個分成正方形和小矩形的大矩形，這些正方形和小矩形的面積就對應到上述級數裡的項：

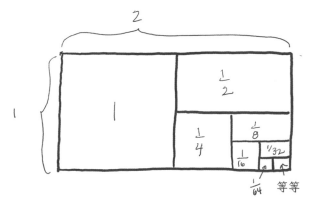

換言之，包含所有小塊的大矩形面積也就等於：

$$1 + \tfrac{1}{2} + \tfrac{1}{4} + \tfrac{1}{8} + \tfrac{1}{16} + \tfrac{1}{32} + \cdots$$

矩形的面積等於長乘寬——這比把無窮多個項相加容易計算。這個大矩形的面積是 $2 \times 1 = 2$，所以：

$$1 + \tfrac{1}{2} + \tfrac{1}{4} + \tfrac{1}{8} + \tfrac{1}{16} + \tfrac{1}{32} + \cdots = 2$$

雖然你會一直加上分數的天數，上面這些愈來愈短的天數的無窮總和仍會等於 2。如果你知道報酬遞減的概念，這也許就沒有出乎你的意料。有時候你很努力，就像你設法把無窮多個項加起來一樣，但沒有太大的進展。

當然，也有可能你很努力，速度又緩慢，但確實有重大的進展。打個比方，假定你的無窮總和從 1 開始，然後加上愈來愈大的正整數的倒數：

$$1 + \tfrac{1}{2} + \tfrac{1}{3} + \tfrac{1}{4} + \tfrac{1}{5} + \cdots$$

這個總和十分特別，還得到了這個名字：調和級數（harmonic series）。如果調和級數中的每一項都代表你存活的一天或幾分之一天，你會獲得永生嗎？如果調和級數中的每一項都代表你在學習上投入的工作又多了一點點，你會達到某種學習極限，還是會

無限制提升？許多人初次遇到調和級數時，都會猜這個總和與前面那個一樣，也加總出一個有限的實數，他們推測又是報酬遞減的概念在搞怪。但調和級數會無限制增大，要弄懂這件事，可看下面放在括號裡的項，每個括號都大於或等於 $\frac{1}{2}$：

$$1 + \frac{1}{2} + \frac{1}{3} + \frac{1}{4} + \frac{1}{5} + \frac{1}{6} + \frac{1}{7} + \frac{1}{8} + \frac{1}{9} + \cdots\cdots$$

$$= 1 + \left(\frac{1}{2}\right) + \left(\frac{1}{3} + \frac{1}{4}\right) + \left(\frac{1}{5} + \frac{1}{6} + \frac{1}{7} + \frac{1}{8}\right) + \left(\frac{1}{9} + \cdots\cdots\right.$$

| 1 | $\frac{1}{2}$ | 大於 $\frac{1}{2}$， | 大於，$\frac{4}{8} = \frac{1}{2}$，因為 | 你需要用後面的 16 項來說明這個括號會大於 $\frac{1}{2}$，但你做得到！ |

因為 $\frac{1}{3} + \frac{1}{4}$

$\frac{1}{5} > \frac{1}{8}$，

$\frac{1}{6} > \frac{1}{8}$，

$\frac{1}{7} > \frac{1}{8}$，

及

$\frac{1}{8} = \frac{1}{8}$，

括號把大於或等於 $\frac{1}{2}$ 的項放在一起。

也就是說，既然 $\left(\frac{1}{3} + \frac{1}{4}\right)$ 和 $\left(\frac{1}{5} + \frac{1}{6} + \frac{1}{7} + \frac{1}{8}\right)$ 都大於 $\frac{1}{2}$，而且你可以繼續用括號把分數分組，這些括號也會大於 $\frac{1}{2}$，因此你可以寫出：

$$1 + \frac{1}{2} + \frac{1}{3} + \frac{1}{4} + \frac{1}{5} + \frac{1}{6} + \frac{1}{7} + \frac{1}{8} + \cdots$$
$$> 1 + \left(\frac{1}{2}\right) + \left(\frac{1}{2}\right) + \left(\frac{1}{2}\right) + \cdots$$

事實上，你可以繼續累積這個不等式右邊的項，這些項的總和永遠超過$\frac{1}{2}$。每次你這麼做的時候，都必須收集愈來愈多項，但這是有可能辦到的，因為你有無窮多個項。由於$\frac{1}{2}+\frac{1}{2}=1$，所以你現在可把上面的不等式改寫成：

$$1+\frac{1}{2}+\frac{1}{3}+\frac{1}{4}+\frac{1}{5}+\frac{1}{6}+\frac{1}{7}+\frac{1}{8}+\cdots>1+\left(\frac{1}{2}\right)+\left(\frac{1}{2}\right)+\left(\frac{1}{2}\right)+\left(\frac{1}{2}\right)\cdots$$
$$=1+\left(\frac{1}{2}\right)+\left(\frac{1}{2}\right)+\cdots$$
$$=1+1+1+\cdots$$

　　無可否認的，調和級數會慢慢走向無限大，非常緩慢，把前面10^{43}個項加起來之後[2]，總和還不到100。儘管如此，調和級數可增加到多大或多遠，是沒有極限的。這是數學版的龜兔賽跑。小步進展也不錯，因為若要在數學和人生目標上有所進展，穩紮穩打通常是非常好的方法。

問題 32

下面的數字和會不會等於一個有限的數值，還是會無止境地愈變愈大？

$$\frac{1}{2}+\frac{2}{3}+\frac{3}{4}+\frac{4}{5}+\frac{5}{6}+\frac{6}{7}+\cdots$$

2　　10^{43}是1後面跟著43個零的數字。

33
學學具有
二十面體對稱性的噬菌體，
做事要有效率

病毒是小得不得了的存在物，但根據普遍對於生命的定義，病毒甚至談不上是活的。一個病毒只有細菌的百分之一大小，人類細胞的千分之一。

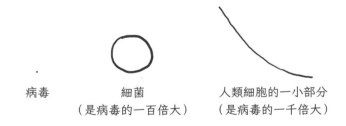

病毒　　　　　　細菌　　　　　　人類細胞的一小部分
　　　　　　（是病毒的一百倍大）　（是病毒的一千倍大）

病毒也許微小，甚至不算是活的，但很擅長複製。事實上，複製是病毒的唯一工作。病毒沒辦法自我複製，所以會尋找宿主，

感染宿主的細胞，劫持它們執行這項工作。裝配出儲存病毒遺傳物質的蛋白質外殼需要指令，病毒的體積這麼小，要怎樣很有效率地編寫這些指令？意思就是，病毒要如何儲藏自己的遺傳物質，讓使用的蛋白質愈少愈好？

　　病毒的幾何形狀，是了解簡短遺傳密碼如何產生完成工作的外殼的關鍵。就拿可感染細菌的病毒——噬菌體來說吧，它把遺傳物質儲存在形狀呈二十面體的頭部。下圖是噬菌體的特寫：

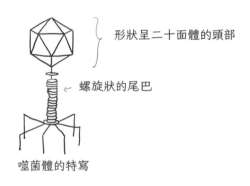

形狀呈二十面體的頭部

← 螺旋狀的尾巴

噬菌體的特寫

　　二十面體是由二十個完全相同的三角形組成的三維幾何形狀。如果你從未拿過或細看過二十面體，我建議你自己製作一個。如果要製作二十面體，可以另外拿一張紙描繪下圖中的範本。[1]（請忽略那些僅供組裝參考的編號。）然後按照以下的說明繼續做。

1　或者你也可以上網搜尋，把網路上的二十面體範本列印出來。

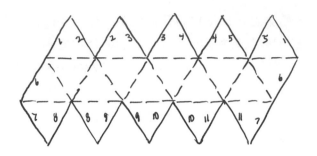

　　沿著範本的外緣裁切下來。接下來，沿著虛線摺紙。最後，把編號相同的邊對齊，然後用膠帶黏好。你完成的三維二十面體應該會像這樣：

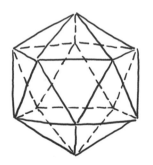

　　手上拿著二十面體的時候，要注意它不僅僅是漂亮的幾何物件。它具有為數不少的旋轉對稱性，包括五重對稱、三重對稱及二重對稱，右頁上圖繪出了這些對稱性，待會就會解釋。

　　由於二十面體的對稱性，小小的病毒只需要最少量的遺傳物質，但還是能提供組裝出蛋白質外殼的指令。也就是說，這些對稱性讓小得不得了的病毒可以只攜帶少量的遺傳物質。接下來我

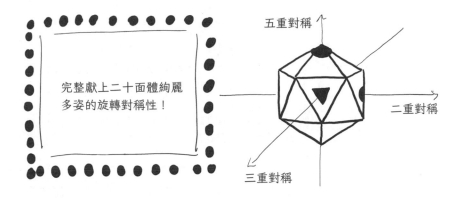

完整獻上二十面體絢麗
多姿的旋轉對稱性！

五重對稱

二重對稱

三重對稱

們就來詳細描述一下這些對稱性。

　　俯視上面所畫出的二十面體，最能清楚看出五重旋轉對稱：

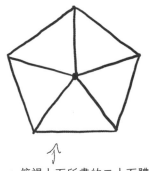

五重旋轉對稱：

· 在這張圖中，對稱軸是從中心點指出紙
　面。

· 二十面體可以繞著這個軸旋轉72°，然
　後和自己重合。

· 旋轉五次72°之後，二十面體會回到原
　來的位置。

俯視上面所畫的二十面體。

　　前面所畫的二十面體很適合觀察三重旋轉對稱：

三重旋轉對稱：
· 在這張圖中，對稱軸是從圓點處指出紙面。
· 二十面體可以繞著這個軸旋轉120°，然後和自己重合。
· 旋轉三次120°之後，二十面體會回到原來的位置。

從側面看前面所畫出的二十面體，最能清楚看到二重旋轉對稱：

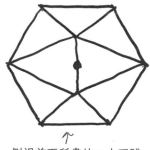

二重旋轉對稱：
· 在這張圖中，對稱軸是從圓點處指出紙面。
· 二十面體可以繞著這個軸旋轉180°，然後和自己重合。
· 旋轉兩次180°之後，二十面體會回到原來的位置。

側視前面所畫的二十面體。

　　二十面體的五重、三重和二重對稱性，會讓複製過程變容易。首先，噬菌體的遺傳物質經過複製與表現，形成蛋白質外殼。一個單元有可能位於二十面體狀頭部的其中一個三角形面的其中一角。這個單元利用二十面體對稱性，複製到每個三角形面的每一角。舉例來說，五重對稱性可以迅速複製出四個複本，如下圖所示：

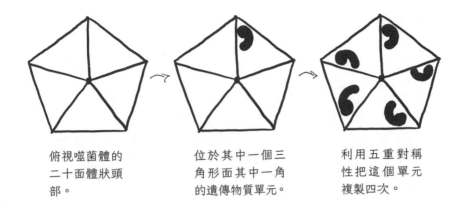

俯視噬菌體的
二十面體狀頭
部。

位於其中一個三
角形面其中一角
的遺傳物質單元。

利用五重對稱
性把這個單元
複製四次。

　　二重和三重對稱性加上五重對稱性,會進一步複製原先的單
元。下圖是複製前後的對照:

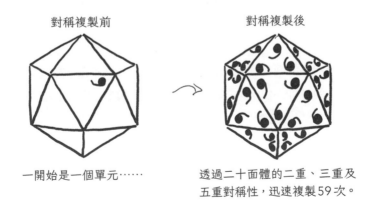

對稱複製前

對稱複製後

一開始是一個單元……

透過二十面體的二重、三重及
五重對稱性,迅速複製59次。

　　含有噬菌體遺傳物質的蛋白質外殼,是根據二十面體的對稱
性,由重複次單元組裝而成的。在給定的例子中,宿主不是從零

開始發展出59個新單元，而是把噬菌體原本的單元複製了59次。總而言之，重複的單元減少了描述噬菌體所需要的遺傳資訊量。

　　噬菌體運用二十面體對稱性的做法，為你追求數學和人生目標方面提供了重要的一課，那就是：要避免做額外的事。如果你發現某種工作習慣可以讓你加速前進，那就把這種做法納入生活中；如果「做中學」比「看中學」讓你學習得更快，那就要養成經常「做」的習慣。每當你發現哪種做法可以節省時間和力氣，就重複那個做法。

問題33

二十面體是五種叫做柏拉圖立體（Platonic solid）的三維形狀之一。柏拉圖立體就是正凸多面體，意思就是這種三維立體符合以下的標準：

- 所有的面都是完全相同的多邊形（二維平面上有三邊或更多邊的封閉圖形，如三角形、正方形、五邊形、六邊形等）。
- 各邊長度都相等。
- 各角都相等。

柏拉圖立體的全體成員是：四面體、正方體、八面體、十二面體和二十面體[2]，如下圖所示：

四面體
（由4個完全相同
的三角形構成）

正方體
（由6個完全相同
的正方形構成）

八面體
（由8個完全相同
的三角形構成）

十二面體
（由12個完全相
同的五邊形構成）

二十面體
（由20個完全相
同的三角形構成）

也就是說，沒有其他的三維立體會符合上述標準。每個柏拉圖立體
都有所謂的「對偶」（dual）。若想找給定柏拉圖立體的對偶，首先要
在這個立體各面的中心放置一點，然後畫出這些點的連線，由你所
畫的連線構成的形狀，就是給定立體的對偶。舉例來說，四面體的
對偶是另一個四面體，如下圖所示。

2　彼得・魏瑟羅（Peter Weatherall）寫了一首和柏拉圖立體有關的動聽歌曲，你可以在YouTube找
　　到：https://www.youtube.com/watch?v=C36h00d7xGs。這首歌的開頭是這樣的：「很久以前有
　　個大名鼎鼎的人，他用自己的名字柏拉圖，去稱呼我們知道的五個立體。有四面體、正方體，
　　也有八面體，還有十二面體和二十面體，因為你。」我要請你把這首歌多聽幾次，然後不要留存
　　在腦海裡。

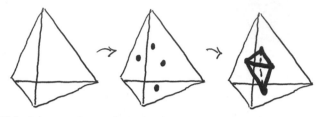

首先畫個四面體　　　在各個三角形面的　　　把這些點連起來。
中心畫一個點。

所以四面體和自己對偶。正方體的對偶是什麼形狀？在這個習題中
使用三維的正方體，而不是在紙上畫一畫圖，對解題可能會有所幫
助。或者你也可以利用方正的房間，在每面牆和地板及天花板上放
一個圓點，接著再用細繩連接圓點。

34
尋求平衡，
就像在編碼理論中那樣

你是特務，正在循線追蹤跨國珠寶大盜，他們涉嫌偷竊多顆舉世聞名的寶石。據說他們喬裝成麵包師傅，偷走寶石，把贓物藏進麵包一起烘焙，然後運到國外。為了掩護與蒐集情報，你在麵包店工作，去當地的麵包師協會開會，還結識送貨司機和順道來買羊角麵包及其他糕點的當地居民。為確保你當地身分的完整性，你無法和總部聯繫，然而，總部每天都會發送一則電子簡訊給你，在你趁著沒人注意，掃描指紋之後，麵包店收銀機的螢幕上就會顯示一下訊息。大多數時候，你收到的訊息會說：「沒消息，繼續。」但有一天，正當你揉麵團準備做拖鞋麵包，你用沾滿麵粉的手指滑過指紋掃描器，螢幕上閃過簡短的緊急訊息，不一會兒就消失了。訊息上說：「LEAVE NOW. MEET AT YOUR EMBASSY IN CHIXZ.」（馬上離開。在奇克斯的大使館碰面。）

你一定是陷入險境了。但Chixz在哪裡？你的腦袋認出這個

「字」不是字。考慮到句子裡的上下文，你猜它一定是某個國家。但究竟是哪個國家？你絞盡腦汁，設法修正錯誤。字尾的「xz」看起來格格不入。有沒有五個字母、且開頭是「Chi」的國家？很快的，你推測這個字是「China」(中國)。你拿出藏在冰庫後面一小桶奶油裡的急用現金和護照，然後擦去眼角的淚水。離開這家你漸漸愛上的麵包店讓你感到難過，但也許你會在北京找到另一家。突然，你明白自己沒有時間多愁善感，你想到這個字也有可能是「Chile」(智利)。你應該去哪裡？但願你有方法修正你察覺到的錯誤。

這個故事抓住了編碼理論 (coding theory) 的基本特點，編碼理論是數學的一個分支，在討論如何透過空氣、水、電話線和光纖電纜等通道，盡可能準確又有效率地傳輸訊息。如通道上的靜電等「雜訊」，通常會在傳輸過程中破壞訊息。良好的編碼[1]不單單是為了檢測錯誤而設計的，還要能修正錯誤。就拿上面的故事來說吧，你準確檢測出第四個和第五個字母在傳輸過程中損壞了，為了提升解碼準確性的可能，總部想必使用了「重複碼」，也就是會把訊息中的每個字母重複三次。換言之，他們大概把他們的訊息編碼成：

「LLLEEEAAAVVVEEE NNNOOOWWW.

1　要注意，編碼理論中的碼不一定是機密的。密碼是密碼學 (cryptology) 的主題——密碼學是不同於編碼理論的數學分支。

MMMEEEEEETTT AAATTT YYYOOOUUURRR
EEEMMMBBBAAASSSSSSSYYY IIINNN CCCHHHIIILLLEEE.」

通道上的雜訊可能已經破壞了一些字母。在這個情境中，你
可能收到了以下的訊息：

「LLLEEEAAAVVVEEE NNNOOOWWW.
MMMEEEEEETTT AAATTT YYYOOOUUURRR
EEEMMMBBBAAASSSSSSSYYY IIINNN CCCHHHIIILXLZEE.」

接著，你可以運用「多數決解碼」（majority decoding），也就是
每個三元組字母組要解譯成最常出現在三元組中的字母或數字。
換句話說，你會知道訊息裡的最後兩個字母是「L」和「E」，澄清
了你必須前往智利的聖地牙哥，而不是北京。

當然，重複字母不止三次，而是 30 次、300 次或 3,000 次，
大概會讓我們更有可能準確解譯已發送的訊息。然而，增加碼字
長度就會增加傳輸時間，如此一來，重複碼並不是最佳編碼，因
為它的高錯誤更正能力得靠緩慢的傳輸速率來達成。

這就引發一個問題：在傳輸的重複與解碼的準確度之間，
有沒有希望找到一個恰到好處的平衡？數學家克勞德．夏農
（Claude Shannon）在 1948 年寫了一篇論文〈通訊的數學理論〉（A
Mathematical Theory of Communication），證明「最佳」編碼是存在的。
最佳編碼提供發送者想要的準確度（比百分之百準確稍差一點[2]），以

及發送者希望盡可能接近通道容量（比百分之百稍差一點）的傳輸速率。儘管證明了最佳編碼是存在的，夏農並沒有提供找出這種編碼的建議。他那篇影響深遠的論文發表以來，求得平衡一直是編碼理論家的工作。

在你追尋數學與人生目標的過程中，可能會遇到摸不清訊息是何意義的時候。你應該去智利還是中國？你應該靜觀其變還是立刻行動？在這種時候，請相信你有可能找到恰到好處的平衡點，讓你繼續前進。不可否認的，沒有人能告訴你到底該怎麼找到那個平衡點，就像找最佳編碼一樣，然而沒有人比你自己更適合決定你的人生。

問題 34

國際標準書號（ISBN）是一組13碼的編號，是代表一本書的獨一無二碼字。這組碼字依序包含了以下五個要件 [45]，中間用連字號隔開：

- **首三碼**。前三碼是圖書商品碼978。
- **登記類別識別號**。接下來的兩碼在識別出版者所屬的國別或地理分區。
- **登記者識別號**。接下來四碼在識別出版者。

2　比某個數字「稍差一點」的概念，在數學上定義得很清楚。如果你學過微積分或實變分析，可能就會想起很多證明是這樣開頭的：「令 ε>0，……」，其中的 ε 是希臘字母「epsilon」。ε 是個標準變數，代表非常非常小的正數，想要多接近零就能多接近。當編碼理論家說他們可以達到快要百分之百的準確度，意思就是他們和百分之百準確度的誤差會在 ε 之內。

- **出版品識別號。**接著的三碼在識別書名或一本書的版本。
- **檢查號。**最後一碼是根據這本書的首三碼、登記類別、登記者及出版品號碼寫成的公式計算出來的。

如果要計算一本書的檢查號，可把ISBN的前面12碼交替乘上1和3。也就是說，若一本書的首三碼是 $x_1 x_2 x_3$、登記類別識別號是 $x_4 x_5$、登記者識別號是 $x_6 x_7 x_8 x_9$、出版品識別號是 $x_{10} x_{11} x_{12}$，就先把這些變數代入下面的公式來計算：

$$x_1 + 3x_2 + x_3 + 3x_4 + x_5 + 3x_6 + x_7 + 3x_8 + x_9 + 3x_{10} + x_{11} + 3x_{12}$$

接著，把你的計算結果除以10，並將答案表示成一個整數加上餘數。最後，用10減去餘數。如果你算出的數字小於10，這個數字就是你的檢查號；如果你得到的數字是0，檢查號就是0。

譬如這本書的ISBN是978-01-9884-3597，最後一碼7是檢查號，為了核對這個檢查碼是不是正確，首先要計算：

$$9 + 3(7) + 8 + 3(0) + 1 + 3(9) + 8 + 3(8) + 4 + 3(3) + 5 + 3(9)$$
$$= 9 + 21 + 8 + 0 + 1 + 27 + 8 + 24 + 4 + 9 + 5 + 27$$
$$= 143$$

現在把143除以10，並將答案表示成整數加上餘數：

$\dfrac{143}{10}$ =14 餘 3

現在用10減去餘數：

10 － 3=7

得到的結果7正是檢查號。

考慮下面這些問題：

a. 假設有讀者想買這本書，卻寫錯了ISBN，把第5碼寫成2而不是1，又把第11碼寫成6而不是5。換言之，這個讀者把ISBN寫成978-02-9884-3697，而不是978-01-9884-3597。這位讀者到書店訂這本書之前，都沒有發現自己寫錯了。書店會發現錯誤嗎？如果會，是怎麼發現的？如果不會，又是為什麼呢？

b. 現在假設有另外一位讀者想買這本書，而在寫下ISBN時犯了不同的錯誤。這次，這個讀者把ISBN的第5碼寫成0而不是1，又把第11碼寫成6而不是5。也就是說，這個讀者把ISBN寫成978-00-9884-3697，而不是978-01-9884-3597。這位讀者到書店訂這本書之前，都沒有發現自己寫錯了。書店會發現錯誤嗎？如果會，是怎麼發現的？如果不會，又是為什麼呢？

c. ISBN碼是錯誤檢測碼嗎？如果是，它會檢測到所有的錯誤嗎？如果不是，為什麼不是呢？

d. ISBN碼是錯誤更正碼嗎？

35
畫個圖，
就像在無字證明當中一樣

文字很絕妙，除了在複雜的情況下。有時，圖片比文字更容易闡釋問題的解法。譬如考慮這個問題：「前一百個自然數的和 $1＋2＋3＋\cdots＋98＋99＋100$ 是多少？」這是卡爾·高斯（Carl Friedrich Gauss）[1] 小學時的老師問他班上學生的問題，他希望這個問題能讓學生有事可忙。大部分的學生開始做很耗時的加法，高斯卻迅速畫了一些草圖，沒幾分鐘，他就報上正確答案：5,050。

高斯不可能在這麼短的時間直接把數字相加起來，算出正確答案，相反的，他是把算式開頭的數字與末尾的數字配對，領悟出他會有 50 對數字，每對數字的總和都是 101。速寫出來的圖也許像這樣：

1　高斯是德國人，長大後成為數學家，在數學上做出重大的貢獻。

50×101 的格子點

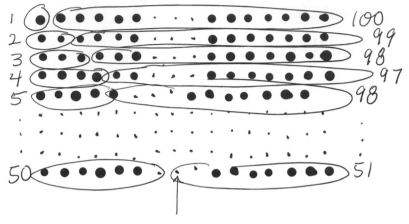

（每個小圓點代表：這個模式繼續下去。）

⇒ 1+2+3+…+98+99+100=50×101=5050

　　因為 50×101 計算起來比 $1＋2＋3＋…＋98＋99＋100$ 更快，高斯短短幾分鐘就解出這個問題了。

　　速寫可以促發你思考問題。假設題目是要你證明 $(1＋2＋3＋4)^2 = 1^3＋2^3＋3^3＋4^3$，你能不能用一張沒什麼文字的圖來證明這件事？不妨回想一下你玩積木的兒時情景，在這個過程中靜靜旁觀。首先排積木，讓這些積木代表 $(1＋2＋3＋4)^2$，而這個數就等於 $(10)^2$。如果你願意用畫的，就不必真的排積木。接著，設法重新排列積木，不要添加或拿走積木，讓這些積木代表 $1^3＋2^3＋3^3＋4^3$。

$(1+2+3+4)=(10)^2$

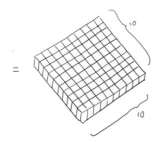

$=$

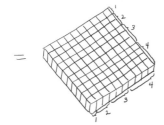

$=$

回想一下：10=1+2+3+4

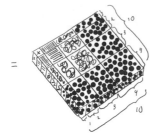

$=$

$\Longleftarrow$ 同樣的積木，只是上頭畫了圖案

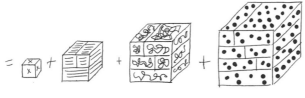

$\Longleftarrow$ 把圖案相同
的積木排成
正方體。

在你努力對付數學上和人生中的挑戰時，別忘了心智能夠引導出不同的思路。畫圖有時候或許也會讓有意義的想法從腦袋裡蹦出來。

問題35

前13,298個自然數的和1＋2＋3＋…＋13,296＋13,297＋13,298是多少？

加分題：

設法推廣高斯用來計算前 n 個自然數之和的方法，其中 n 是任意自然數。

36
納入細部變化，
因為模糊邏輯

這個人很年輕。

那輛車開得很快。

我的蘋果是紅的。

你的樹長得很高。

溫度計顯示今天很熱。

在傳統邏輯中，上面這些陳述要麼是算完全正確，要不然就是完全錯誤。在每個例子裡都有清楚的界限，可判定所說的人、車子、蘋果、樹或日子是否分別屬於標著「年輕人」、「快車」、「紅蘋果」、「高大樹木」或「熱天」的集合。舉例來說，如果「年輕人」這個集合的成員僅限 20 歲或未滿 20 的人，那麼下面這些句子就可以賦予真假值：

1 歲的人很年輕。	**真**
19 歲的人很年輕。	**真**
21 歲的人很年輕。	**假**
90 歲的人很年輕。	**假**

　　這套替陳述句賦予真假值的系統，在邏輯上也許是一致的，但描述日常生活的方式未必和一般人的感受一樣。在現實世界中，年齡是相對的；對於退休群體來說，19 歲可以算「很年輕」，但對進大學來說可能就「不年輕」了。車速的解釋則因周圍環境而異；時速 60 公里對於有兒童玩耍的住宅區可能「很快」，但在車輛以 100 公里時速行駛的高速公路上「並不快」。蘋果可能帶有各種紅色；北美的 Macoun 蘋果呈粉紅色，而五爪蘋果呈深酒紅色。溫度計會顯示所有可能的溫度值，包括不到 1 度的數值。細微變化是存在的。

　　模糊邏輯則是一套多值的邏輯系統，容納各種完全和不完全的真理。就拿你的那杯咖啡來說好了。[1] 譬如你不想把超過38℃的咖啡都算是「熱」咖啡，而是要用三個或更多個模糊集合來描述冷熱度。比方說，你會考慮以下五個任意但井然有序的類別，每一類的數值介於 0 到 1 之間：冰咖啡（4℃以下）為「0」，冷咖啡（5℃～15℃）為「0.25」，常溫咖啡（16℃～37℃）是「0.5」，溫咖啡

1　數學家經常開玩笑說，數學家就是一種把咖啡變成定理的裝置。

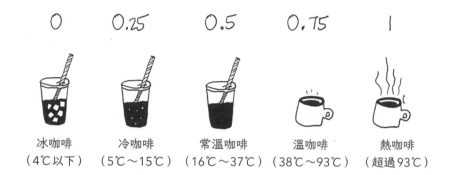

0   0.25   0.5   0.75   1

冰咖啡　　　冷咖啡　　　常溫咖啡　　　溫咖啡　　　熱咖啡
（4℃以下）（5℃～15℃）（16℃～37℃）（38℃～93℃）（超過93℃）

（38℃～93℃）是「0.75」，熱咖啡（超過93℃）是「1」，不到一度就無條件進位。

　　你也可以讓0和1之間的無窮連續統來描述這種情況，其中「0」是跟冷藏室溫度（4℃）一樣冰的咖啡，「1」是煮沸的咖啡（100℃），而0和1之間的範圍則描述了逐漸變化的各種溫度狀態。在0到1的範圍用無窮多個類別來描述冷熱度，比前面例子中說明的五個類別提供更細微的冷熱變化。

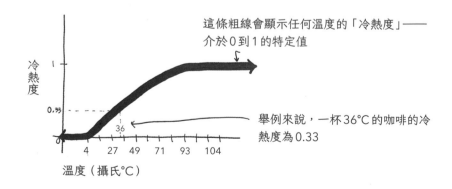

這條粗線會顯示任何溫度的「冷熱度」——介於0到1的特定值

冷熱度

舉例來說，一杯36℃的咖啡的冷熱度為0.33

溫度（攝氏℃）

電腦通常使用二進位的數值0和1來編寫程式。舉例來說，無人駕駛電動列車上的自動剎車系統，可按照列車跟前方的列車是否「太靠近」或「沒那麼靠近」，來編寫「剎車」或「未剎車」的指令。在加州大學柏克萊分校的羅夫提・扎德（Lofti Zadeh）於1960年代發展出模糊邏輯之前，許多電氣系統都利用傳統邏輯來編寫程式。在這樣的系統中，列車「沒那麼靠近」時，剎車就「未使用」，接下來，列車一被認為「太靠近」，剎車就會以全壓「使用中」。假設「靠近」和「沒那麼靠近」的界限設定在距前方列車12英尺（約3.6公尺）。如果我們畫一張圖，用「靠近程度」當橫軸，以「剎車壓力」當縱軸，就可以清楚看到剎車「使用中」和「未使用」之間的突然轉換。

在圖中橫軸12.01英尺處，縱軸上的值為0，表示剎車未使用；過了一會兒，在橫軸11.99英尺處，縱軸上的值為1，代表剎車使用到最大力道。一瞬間把全部壓力施加到剎車上，對剎車系統和列車乘客來說都是很猛烈的。對此，模糊邏輯有辦法把類似

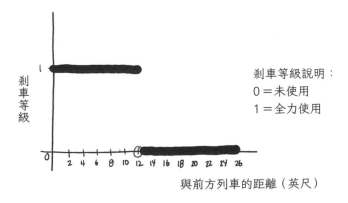

人對於細微變化的理解帶入電腦程式，這就提供了替代方案。

譬如你可以指定模糊集合和模糊規則，讓列車的自動剎車系統設計模糊化[2]，就像下面這樣：

模糊集合 （描述和前方列車的靠近程度）	模糊規則 （關於施加在剎車上的壓力大小）
超過 60 英尺	0（無剎車壓力）
50-59.99 英尺	0.2 剎車壓力
40-49.99 英尺	0.4 剎車壓力
30-39.99 英尺	0.6 剎車壓力
20-29.99 英尺	0.8 剎車壓力
10-19.99 英尺	1（全剎車壓力）

模糊集合和模糊規則的指定方式，有很大的選擇自由，意思就是，換成別人可能就會選擇不同的集合和規則。利用上表所示的選項，你畫出來的圖形會像下圖：

[2] 「模糊化」是數學家在設計模糊控制系統時會使用的正宗用字。

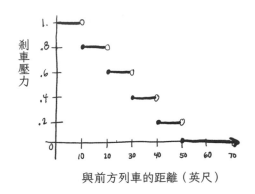

或者，你也可以用提供了更平滑的模糊規則集合的連續函
數[3]，來讓你的設計模糊化：

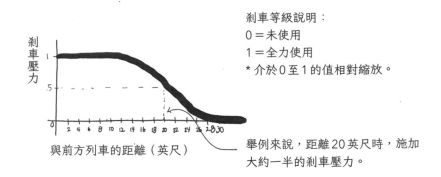

刹車等級說明：
0＝未使用
1＝全力使用
＊介於 0 至 1 的值相對縮放。

舉例來說，距離 20 英尺時，施加
大約一半的刹車壓力。

3　「連續」函數的概念在數學上有明確的定義，然而對這裡的討論而言，只要把連續函數想成不必
　　把筆尖離開紙面就能繪出的圖形即可。

模糊規則的設計，是為了得知列車的靠近程度，然後做出適當的剎車決策。

　　模糊邏輯提供的方法，可把不精確的特性轉換成 0 到 1 之間的數字。這麼做的過程中，你可以利用一組智慧型指令寫電腦程式，這些指令可模擬人的思維和決策。模糊邏輯的應用不限於電動列車，許多消費性電子產品，如洗衣機、數位相機和電子鍋，都使用到模糊邏輯，臉部辨識軟體、無人機和醫療設備也使用了模糊邏輯。

　　但模糊邏輯的運用還可以超越實用性。在數學和人生中，你可能會遇到不確定的情況，絕對的「是」或「否」可能不是最好的決策。與其覺得選擇有限，不如考慮讓你的人生帶有細部變化。指定模糊集合，制定模糊規則。這種選擇自由提供的舒適感，可能就和毛茸茸的睡袍與拖鞋一樣。

問題 36

假設你想設計一臺智慧型洗衣機，可把衣服洗到乾淨為止，而不是洗一段指定的時間。你會怎麼運用模糊邏輯來開發產品，以便達成這個目標？

37
有解就要心存感激，
因為布羅威爾定點定理

許多張貼在國家公園、城市或醫院的平面圖都會標示出「您現在位置」，設法幫助你辨別方向。每當我在陌生的地方看到這幾個字，我就安心多了。山頂若隱若現，但我知道自己的坐標；沒造訪過的城市人車鼎沸不絕，但我知道自己站在哪裡；醫院的警報聲和廣播系統作響，不過我正走向我必須去的地方。世界或數學把你包圍時，讓布羅威爾（L. E. J. Brouwer）和他的定點定理（Fixed Point Theorem）提供半日片刻的平靜。

布羅威爾定點定理說，如果你在一個地方，手裡拿著那個地方的地圖，那麼那張地圖上至少有一點就位於它代表的位置的正上方。不論這張地圖是與地面平行、垂直、翻面、顛倒、呈某個角度、縮小、展開，或是皺成一團，只要它位在原始位置的範圍內，情形都是這樣。舉例來說，我住在美國新罕布夏州，當我人在新罕布夏，拿著一張新罕布夏的地圖，地圖上就必有一點想要

悄悄聲明：「您現在位置！」

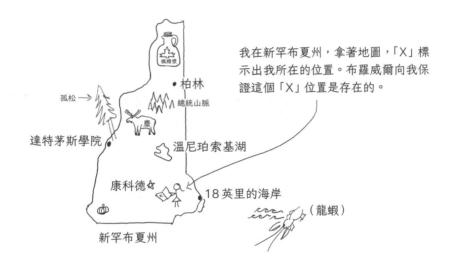

我在新罕布夏州，拿著地圖，「X」標示出我所在的位置。布羅威爾向我保證這個「X」位置是存在的。

楓糖漿

柏林

孤松 →

總統山脈

鹿

達特茅斯學院

溫尼珀索基湖

康科德

18英里的海岸

（龍蝦）

新罕布夏州

　　在你攪拌早上那杯咖啡時，布羅威爾定點定理也很明顯。如果你要記錄咖啡杯裡每個分子的位置，先攪拌咖啡，然後讓它漸漸靜止，那麼杯子裡總會有至少一個分子[1]落在它一開始所在的同一個位置。換句話說，可能你永遠無法讓咖啡充分攪拌。更進一步說，如果你把一個分子推離原先的位置，就會有另一個咖啡分子返回原先位置。不管你攪拌多久，總有至少一個分子會落在它一開始的位置。

1　嚴格說來，分子具有體積，而布羅威爾定點定理當中的點沒有體積。因此，更準確的說法是：咖啡分子回到了它的確切位置，而且誤差範圍很微小。

定點是指即使在經過某個變換（transformation）之後也不會改變位置的點。這個變換有可能是把地理區域中的道路和自然景觀簡化放進地圖的過程，也可能會像小朋友玩的紙風車一樣簡單。如果你在一個位置開始玩風車，讓風轉動風車，然後讓它漸漸靜止下來，那麼除了中間的那個定點外，其餘各點的位置可能都改變了。雖然玩具風車上的定點很容易找到，但定點未必明顯存在。

　　舉例來說，假設你本來把祖母親手縫製的拼布被平平整整鋪在床上，後來你發現有小朋友或寵物趁你不在的時候，在床上跳來跳去，把被子弄亂了，全皺成一團。如果要替那個搗蛋鬼辯解的話，你的被子上至少會有一點就位於你那天早上所鋪位置的正上方。

前：拼布被平平整整鋪在床上。

後：拼布被皺成一團。

　　為了確保布羅威爾定點定理能適用，你必須符合三個準則。首先，你要變換的物件或空間必須占據有限的空間，而且要包含邊界，所以你可以變換新罕布夏州、一杯咖啡、一個風車或一條被子，但不能變換一片無邊無際的景色。其次，你所變換的區域

或空間必須什麼洞也沒有，就好比你可以變換飛盤，但不能變換中心挖了一個洞的盤子；或是拿另一個不算例子的情形來說吧，如果美國佛蒙特州基靈頓鎮（Killington）在2004年成功退州，[2] 那麼你站在佛蒙特州時，就無法保證佛蒙特州地圖上出現「您現在位置」的點。第三，變換必須以連續的方式移動所有的點；「連續」一詞在這裡是指變換可以拉長、縮小或扭轉地圖，但不能剪下一塊再黏貼到其他位置。大致說來，一開始在地圖上彼此很靠近的點，變換之後應該還會保持靠近。

定點的判斷標準很重要，也就是連續變換一個沒有洞的有限物件或空間。倘若連其中任何一項標準都符合不了，那麼在變換過程中，每個點都有可能跳到新的點，這樣大概就不會有定點了。

2　佛蒙特州的高稅率是出了名的，與它交界的新罕布夏州則以低稅率著稱，基靈頓退州行動的支持者希望加入新罕布夏州，減輕稅金負擔。

舉例來說，如果你要把壁紙右移幾公分，來變換向四面八方無限延伸的壁紙圖樣，這種變換就不會留下定點。

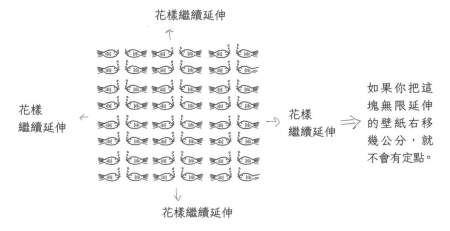

花樣繼續延伸

花樣繼續延伸

花樣繼續延伸

花樣繼續延伸

如果你把這塊無限延伸的壁紙右移幾公分，就不會有定點。

同理，如果你要把一個環（中間有個洞的圓盤）旋轉90度，就不會有定點。（若這個環是圓盤，保證存在的定點可能就會在圓盤中央。）

注意：這個環的中央是空的。

把環順時針旋轉90度

……就不會有定點。

舉最後一個例子，如果你要在棋盤上使用非連續變換，把前七行右移，然後把最後一行切掉再移到第一行，也就是做個需要裁切的變換），那麼你也不會有定點。

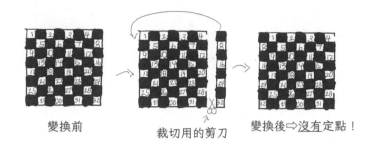

變換前　　　　　　裁切用的剪刀　　　變換後⇨沒有定點！

布羅威爾定點定理在工程、醫學、經濟學等領域有廣泛的應用。舉例來說，數學家約翰‧馮諾伊曼（John von Neumann）在1937年提出的經濟模型，確立了「總會有一組價格可讓所有財貨的供給等於需求」[46]，這套模型中就運用到這個定理。價格是某個數學變換中的定點。定點定理雖然確保某些標準符合時會有解，但並未指出那個解。

在追尋數學與人生目標的過程中，你或許要應付非常傷腦筋的問題。如果你開始覺悟到有解決問題的方法，那麼就算你要繼續一搏，也要心存感激。沒有人想浪費時間尋找不存在的解法，知道自己的尋覓不太可能白費心力，算是一種安慰。

問題37

就像你用小湯匙攪拌咖啡一樣，魚游泳時也會「攪動」海水。布羅威爾定點定理在魚「攪動」海水的情形中能不能適用？也就是說，如果你能記錄每一個海水分子的位置，然後讓魚在海中游泳，「攪動」海水，你能不能保證有一個海水分子會落在它一開始的地方？如果可以，請解釋你何以符合布羅威爾定點定理的判斷準則；如果不能，說明哪些準則沒有符合。

38
運用貝氏統計學，
更新你的理解

　　假設有人要你猜測某個你從沒見過的人有多高，你可能會預估此人是中等身高168公分，因為大多數人的身高都落在這個平均值附近。不過，假設你後來發現此人是男性，因此你會把預估值更新成175公分——男性平均身高。如果你後來聽說，這個你不認識的人在專門服務超高個子的男裝店購物，你大概就會進一步調整你的理解，預料這個人超過180公分。在貝氏統計學中，你會從信念、理解或根據資料的預測開始，在收到新的資訊之後，再更新你的預估。

　　在嘗試理解醫學統計數據時，貝氏方法格外有用。假設某位沒有乳癌家族史的女性在某一年診斷出乳癌的機率不到1%，不過，這位假想中的女性可能會每年做一次乳房攝影——這項影像篩檢有助於發現乳癌。美國癌症協會（American Cancer Society）報告說，乳房攝影在發現乳癌方面是80%有效的 [47]。[1] 此外，在大

約一成的情況下[2]，沒有乳癌的女性做乳房攝影，篩檢結果卻是陽性 [48]。你可以把數據做成表：

	患有乳癌的女性（占女性總人口的1%）	沒有乳癌的女性（占女性總人口的99%）
乳房攝影結果為陽性	80%	10%
乳房攝影結果為陰性	20%	90%

　　如果這位假想中的女性做出陽性結果[3]，她也許會開始相信自己很有可能得到乳癌了。但那個結果正確無誤嗎？要注意風險程度和疾病狀態的重要區別。疾病狀態是二元的：她要麼有癌症，要麼沒有。風險程度則按照0%到100%的等級來判定，包括介於兩者間的所有值。另外，風險程度可能會根據新獲得的資訊來更新。這位女性在做乳房攝影檢查前沒有乳癌家族史，就表示她的風險非常低，然而現在她必須納入令人擔憂的新資訊：乳癌篩檢結果為陽性。如果根據她最近一次的乳房攝影檢查結果，她的風險程度不再是1%，那麼她目前的風險程度是多少？100%？

1　說乳房攝影在發現癌症方面80% 有效，意思是在100位患有癌症的女性當中，80人的乳房攝影篩檢結果會呈陽性，而20人的結果是陰性，沒檢測到乳癌。換言之，20% 的女性會做出偽陰性的結果──暗示她們沒有癌症，但實際上有。

2　據《英國放射線學期刊》(*British Journal of Radiology*) [48] 報導，這個百分比從10.2% 到14.4% 不等。為了簡化計算，我用10% 當作偽陽性的百分比。

3　乳房攝影的結果為從0到6的BI-RADS分數，而不是二元的結果。然而根據美國癌症協會的說法，0分或1分算是陰性，而2至6分算是陽性 [49]。

90%？80%？20%？10%？或者完全是其他的百分比？

　　由於百分比是抽象的概念，你大概就會考慮特定的女性群體。舉例來說，在1,000名女性當中，各項數字會如下所示：

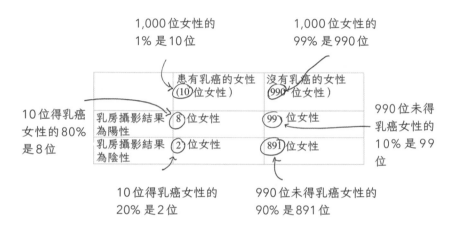

　　這張圖表的乾淨版如下：

	患有乳癌的女性 （10位女性）	沒有乳癌的女性 （990位女性）
乳房攝影結果為陽性	8位女性	99位女性
乳房攝影結果為陰性	2位女性	891位女性

　　雖然不知道這位假想中的女性的疾病狀態，但你確實知道，她現在出現在上面圖表中標有「乳房攝影結果為陽性」的那一列。這一列包含8位確實得乳癌的女性和99位沒有乳癌的女性（儘管篩

檢結果呈陽性）。為了判定這位假想中的女性目前的風險，不妨根據新的資訊更新你對她的風險的了解，也就是要問：在做出陽性篩檢結果的所有女性當中，實際上得了癌症的人有多少？你大概會用這兩個數字寫出一個分數；做出陽性結果又得乳癌的女性人數擺在分子，而得到陽性結果的女性總數擺在分母：

$$\frac{\begin{pmatrix}\text{得乳癌且結果}\\ \text{呈陽性的女性}\\ \text{人數}\end{pmatrix}}{\begin{pmatrix}\text{結果呈陽性的}\\ \text{女性總人數}\end{pmatrix}} = \frac{8}{8+99} = \frac{8}{107} \approx 0.074 = 7.4\%$$

結果呈陽性
且有乳癌的
女性人數

結果呈陽性
但沒有乳癌
的女性人數

　　這位女士做乳房攝影檢查之前，她得乳癌的風險不到1%。有了這個新資訊（結果為陽性）之後，現在她有7.4%的乳癌風險。雖然陽性篩檢結果增加了她得乳癌的可能性，她的風險仍然很低。
　　在數學上和人生中，你必須經常面對未知數。未知數可能像「我遇到的下一個人有多高？」一樣瑣碎，或像「我有沒有得到危及性命的疾病？」一樣讓人警醒。不論是哪種情形，不妨考慮貝氏方法：先有個根據資料的看法、理解或預估，然後在獲得新資訊時，更新你的預估。

問題 38

許多男性會去做抽血檢查，想判定自己的攝護腺特異性抗原（PSA）
有沒有升高，升高可能表示他們有攝護腺癌。假設有 3% 的男性死於
攝護腺癌[4]，再假設 PSA 抽血檢查在發現攝護腺癌方面 80% 有效。
另外，假設在 75% 的情況下，抽血驗出的 PSA 值升高表示某位男性
得了癌症，但對生命不會構成威脅。如果某位做這項驗血檢查的男
性得知他的 PSA 值升高了，那麼攝護腺癌對他的生命構成威脅的可
能性有多大？

4　檢驗出攝護腺癌的男性比例較高，但許多人保持無症狀，並且有其他死因。

39
不要有先入之見，
因為虛數存在

　　古羅馬和古埃及數學家不願承認零。古希臘人不允許負數。畢達哥拉斯的追隨者認為，所有的數都可以寫成分數，當希帕索斯（Hippasus）提出 2 的平方根不是分數，他們甚至還把他從船上推下海。（他是對的。）在海龍（Heron of Alexandria）必須求解[1]像 x^2 = −1 這樣的方程式時，他想像不出有哪個數與自己相乘之後會得出負數。要是他看向外，說不定就會找到解。

　　在 16 世紀，義大利數學家拉斐爾·邦貝利（Rafael Bombelli）思索了像 x^2 = −1 這樣的方程式可不可能有解。後來到了 17 世紀，瑞內·笛卡兒（Rene Descartes）定義出新的數 i，讓它有 i^2 = −1 這個性質。他挑了字母「i」代表「imaginary」（假想、虛構）——這個用詞暴露出此想法令他不安。[2] i 這個數是方程式 x^2 = −1 的

1　當時他想要算出斜截正四角錐（truncated square pyramid）的體積。

解，而且你也可以考慮i的倍數，如$2i$、$100i$，甚至$0i$、$\frac{1}{2}i$、$-1i$和πi。由於這些數不在實數線上，因此你可以先去想像一整條虛數線。

實數線

有虛數線嗎？

然而，虛數$0i$和實數0相等，因此你可以把兩條數線重排，讓0和$0i$重合。

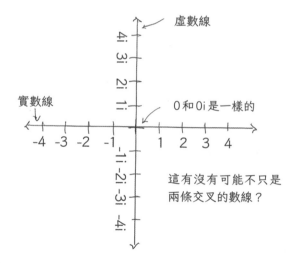

虛數線

實數線

0和$0i$是一樣的

這有沒有可能不只是
兩條交叉的數線？

你一讓實數的零和虛數的零相等，就不再只是看兩條數線了，也就是說，橫的實數軸和縱的虛數軸共同定義出數（複數）的

2　如果取$i^2 = -1$這個方程式等號兩邊的平方根，你就會得到等價的算式：$i = \sqrt{-1}$。

整個平面，這個平面上的每個數，都是把它的實部坐標加上虛部坐標來識別的。

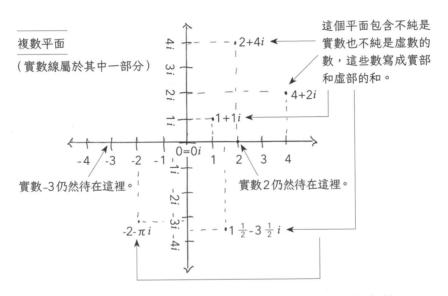

複數平面

（實數線屬於其中一部分）

這個平面包含不純是實數也不純是虛數的數，這些數寫成實部和虛部的和。

實數–3仍然待在這裡。

實數2仍然待在這裡。

換言之，一般的複數寫成 $a+bi$，其中的 a 和 b 是實數，而 $i=\sqrt{-1}$。變數 a 稱為這個複數的「實部」，因為它旁邊沒有 i，變數 b 稱為複數的「虛部」，因為有個 i 跟在旁邊。數線上所有的實數都包含在這個平面上——稱為複數平面。舉例來說，實數線上的 5 與複數平面上的 $5+0i$ 相等，其中的「$0i$」表示沒有虛部。然而，這個平面也包含了不在兩軸上的複數；譬如 2 + 4i 就是個複數，2 是它的實部，4 是虛部。實部和虛部不一定是正數，也不一定是整數，譬如 $-\frac{1}{2}+\pi i$ 是個複數，$-\frac{1}{2}$ 是它的實部，π 是虛部。

在數學家終於不再固執，承認虛數存在之後，他們也獲得

了回報。複數為數學家提供了代數與幾何間的橋梁。工程師運用複數設計機翼，了解地震搖動建築物的方式，他們也用複數建立模型，模擬電路和流體流動。複數的加減乘除運算，與實數的加減乘除有共同的重要性質，複數在現實生活中才可能有這麼多應用。舉例來說，就像你按什麼順序把兩個實數相加都無所謂（例如 2+3＝3+2），複數用什麼順序相加也沒關係。把兩個複數相加，就是把它們的實部相加，算出解答的實部，然後把虛部相加，算出解答的虛部。例如下面是在示範如何把複數 $-3+4i$ 和 $5+6i$ 相加：

$$(-3+4i)+(5+6i)=(-3+4i)+(5+6i)=(-3+5)+(4+6)i=2+10i$$

實部

虛部

一個複數　　另一個複數　　　　　　把實部相加起來　　把虛部相加起來

如果曾有數學上或人生中的問題令你不知所措，竭盡心思想讓這個問題消失，那麼並不是只有你會這樣。古代的羅馬人、埃及人、希臘人和畢達哥拉斯的追隨者，全都懂得你的感受。別忘了，數學與人生之所以有趣，正是因為其中藏著有時你必須努力揭開的謎團。如果你不抱持先入之見，也許就會發現你先前想像不到的事。

問題 39

找出兩個非實數的複數相加起來會得到實數的例子。你的例子讓你怎麼看待人生？

40

隨機漫步，體驗過程

大腸桿菌細胞沒有腦、眼睛、耳朵或鼻子，但還是設法找到了食物。為了提升自己朝食物最集中處移動的可能性，大腸桿菌會旋轉鞭毛：逆時針旋轉是直線往前「跑」，順時針旋轉是在原地「翻轉」，朝著新的方向。這種單細胞生物就是靠往前跑和翻轉的交替動作，進行隨機漫步（random walk，或稱無規行走）。

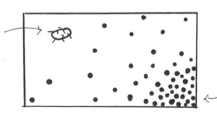

這個單細胞生物沒有腦、眼睛、耳朵或鼻子，它要怎麼走到食物最集中的區域？

圓點在描述食物，圓點愈密集的地方，食物就愈集中。

隨機漫步是物件離開起點後的漫遊路徑的數學形式化，而這種模型未必像名稱暗示的那麼隨機。沒那麼隨機的隨機漫步稱為「有偏」（biased）隨機漫步。大腸桿菌的隨機漫步是有偏的，因為

它會根據一組指定的規則改變它要「跑」的長度；這種單細胞生物在翻轉後所朝的方向，食物集中度如果變高，它就會走很大步，如果食物集中度變低，就走小步。大腸桿菌的覓食三步驟會反覆進行——察覺食物集中度，朝新的方向翻轉，再根據食物集中度短跑或長跑。這種桿菌的覓食路徑也許間接，但長時間下來，它能夠移動到食物集中的地點。

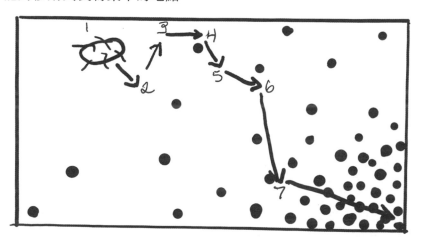

　　有時你可能會覺得，自己像是在數學與人生目標的追尋過程中隨機漫步。不妨考慮讓步伐產生偏差，使自己踏進充滿洞見的地方。如果你目前所處的位置有很深刻的洞見，就讀得更深入、聊得更久或解決更難的問題，跑得又遠又久；在見解很少時，就找一本新書、找個不同的人或轉移到另一個問題，往旁邊跨出新的一小步。知道自己在行走，就感到滿足。認真尋求是值得表彰的事，即使此刻答案仍然很難找到。完全隨機漫步所花的時間不

會太多，也不會不夠，幸好你擁有的時間就是這麼多。

問題 40

在一條會讓你進入怪物巢穴或美麗花園的數線上隨機漫步。（這個問題看起來雖然輕而易舉，但包含了扎實的數學。）你只需要一張紙、一支鉛筆和一枚硬幣。畫出一條數線，在－10 的地方住著一些怪物，把自己放在 0 的位置，把一座有花和蝴蝶的美麗花園放在數字 10 的位置。

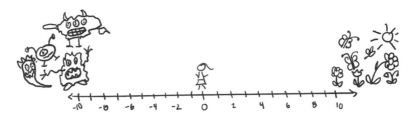

你的目標是抵達花園，而不是怪物。擲硬幣是讓你在這個遊戲中移動的方法。每次擲出硬幣，要根據你設計的規則去解釋擲出的結果（正面或反面）。在設計規則的時候，要讓你的走動保持隨機性，同時又要稍稍偏向花園的方向。注意，如果規則是不管擲出正面還是反面都會導致向右走，並不會構成隨機漫步，因為這樣會提供通往花園的直接路徑。還有一點要注意，指定「反面」代表「向左走一步」，而「正面」代表「向右走一步」的規則，並不會讓步行產生偏差，因為這樣一來，走向花園或怪物巢穴就有同樣的機會。你可以視需要擲很多次硬幣，看是要走向花園或是與怪物為伍。按照你的規則玩幾輪遊戲。你所有的路徑都能有

效朝向你的目標前進,還是有時候會走回頭路?無論如何,在每輪遊戲中最後你會抵達怪物巢穴,還是漂亮的花園?玩了幾輪之後,你的規則有沒有讓你更常抵達花園?用文字解釋你在這個遊戲中的行走是有偏隨機漫步。請務必解釋「有偏」和「隨機漫步」這兩個部分。

41

要更常失敗，
就像愛因斯坦證明
$E = mc^2$ 時的際遇

　　大多數人都知道愛因斯坦提出了狹義相對論和質能互換方程式 $E=mc^2$，但你知道愛因斯坦在證明他這個著名的方程式時經歷過失敗嗎？

　　$E=mc^2$ 這個方程式在說，能量（E）和質量（m）是有關係的：質量可以轉換成能量，能量也可以轉換成質量。那個質量是某種凍結的能量，而那個能量帶有質量，兩者由一個比例常數連結起來，也就是光速的平方（c^2）。這個關係式是說，如果要計算出物體（如一本書）帶有的能量，就把它的質量乘上光速的平方。由於光速很快，快到每秒 299,792,458 公尺，因此就連質量很小的物體也會帶有令人難以想像的能量。

　　1905 年，愛因斯坦在他發表於《物理年鑑》（*Annalen der Physik*）

的論文裡提出了 $E=mc^2$ 的證明。接下來兩年間，他又發表了這個等式的三個證明。在數學上，一個證明就夠了，為什麼還要發表另外幾個證明呢？他發覺自己出錯了嗎？馬克斯·普朗克（Max Planck）在發表於1907年的一篇論文裡提到，愛因斯坦在他的證明中，把一個特例（慢速移動的物體）的結果外推到所有的情形，包括快速移動的物體 [50]。數學家不可以從特例外推出一般情形的結果，這麼做就好像在說，因為我喜歡蒸綠花椰菜，所以全世界的人都喜歡綠花椰菜。愛因斯坦最初的那個證明，其實不是證明。

犯錯也許會讓人灰心洩氣，但也是數學歷程中不可或缺的一部分。愛因斯坦成為舉世矚目的人物，他必須解決自己在數學上的錯誤想法。在努力修正錯誤的過程中，愛因斯坦不但對 $E=mc^2$ 這個方程式有了更深層的理解，也對狹義相對論的整個領域更加通透。

多年後，愛因斯坦與一位名叫芭芭拉的少女通信 [51]，芭芭拉對自己的數學能力感到憂心：

1943 年 1 月 3 日
您好：

　　有很長一段時間，我一直很佩服您。我先前已經寫過好幾次信，結果都撕碎了。您是出類拔萃的人，而且我從閱讀中知道您一直都很傑出。我只是艾略特初中 7A 的普普通通十二歲女孩。

　　我的室友大部分都有偶像，還會寫信給偶像。您和我的

叔叔（他在海岸防衛隊）是我的偶像。

我的數學成績比平均差一點，我必須比我大多數的朋友多花時間。我很擔心（也許擔心過頭），雖然我猜最後一切都會出現轉機。

有一天晚上，我們的小家庭成員在收聽讀者文摘廣播，我聽到了一個八歲女孩和您本人的簡短故事。於是我告訴媽媽，我想寫信給您，她說「好」，而且也許您會回信。是的，我真希望您會回信。我的姓名和住址在下面。

芭芭拉　敬上

1943 年 1 月 7 日

親愛的芭芭拉：

很高興收到妳的來信。一直到現在，我作夢也沒有想過會成為偶像。但既然妳提名了我，我就覺得我是，由人民選出的美國總統當選人一定也是這種感受。

不要擔心妳在數學上遇到的困難；我可以向妳保證，我遇到的問題更麻煩。

亞伯特・愛因斯坦教授　敬上

在追尋數學與人生志向的過程中，誰沒有像芭芭拉一樣的感受，覺得別人的數學都進步得比自己又多又快？芭芭拉在心情低落時，能憑直覺聯繫善良且了解她困境的人，是非常好的。她想

過愛因斯坦有時候也會卡關，甚至失敗？

　　愛因斯坦說過：「我沒什麼特殊天賦，我只是有旺盛的好奇心。」[52]旺盛的好奇心並不會讓你免於犯錯，你甚至還會發現，好奇心既帶來新的洞見，同時也會讓你更常失敗。專注你的數學目標，不用擔心你碰到的困難，因為愛因斯坦面臨的難題更棘手。

問題 41

如果你聽過但從未用過 $E=mc^2$ 這個方程式，那麼這一題就是你的大好機會。讓好奇心替你引路，如果在途中絆倒了，也別擔心。

哪一種能量比較大：是你手上這本書所帶有的能量，還是紐約市在 7 月份消耗的能量？[1] 要回答這個問題，以下這些事實可能很有用：

- 根據紐約市經濟發展公司（New York City Economic Development Corporation）的數據，紐約市在 2013 年 7 月消耗了 10 億 MMBtu 的總能源 [53]。
- MMBtu 代表「一百萬英熱單位」。
- $E=mc^2$
- 若要把物體的質量從磅換算成公斤，就除以 2.21（1公斤＝2.21磅）。

1　我是從布萊恩・葛林（Brian Greene）在 2005 年 9 月 30 日的《紐約時報》上發表的專欄文章〈那個著名的方程式與你〉（https://www.nytimes.com/2005/09/30/opinion/that-Famous-equation-and-you.html），得到這個問題的靈感。那篇文章陳述了這個問題的答案，但沒有提供任何數學細節。

- 光速等於每秒299,792,458公尺。
- 把公斤為單位的質量乘上光速的平方之後，得到的量的單位是焦耳。
- 1英熱單位（Btu）等於1.06焦耳。

3

靈性層次的數學

42
在克萊因瓶上失去方向感

在地球上散步並回到起點,你都會維持直立的姿態,在這方面,地球上的生活是可靠的,雖說有點墨守成規。然而,如果地球的形狀像個克萊因瓶(Klein bottle,我稍後會描述這種不尋常的數學物件),那麼你散完步,回到同一個地方時,會發現你頭下腳上了。生活在呈克萊因瓶形狀的星球上,絕不會無聊。

在描述克萊因瓶之前,我必須先解釋一下你在看它的時候,會有不足之處。你我生活在三維的世界裡,克萊因瓶則存在於四維的世界中,而很遺憾的是,在三維世界中無法完整描繪四維的物件。嘗試在三維空間中「看出」四維的克萊因瓶,受到的限制就像嘗試在二維的紙張「看出」三維的立方體一樣。要在紙上畫正方體時,你必須想像它的深度,因為紙並沒有實際的深度。

 畫在二維紙上的三維立方體。
運用你的想像力,從紙上「看出」這個正方體。

另外，你也必須告訴大腦，圖中看似相交的某些線，在實際的正方體上並不相交。

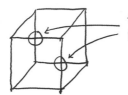

你的大腦要習慣告訴你，圖中圈起來的相交處實際上沒有相交。

同樣的，要在三維世界裡建構四維克萊因瓶的模型，你必須告訴大腦，某些線和平面實際上沒有相交，並不像圖上甚至三維模型中呈現的那樣。

要做出克萊因瓶，首先畫個矩形，並在各邊做好如下的標示：

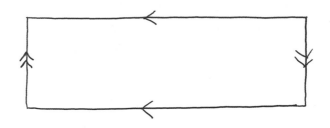

接著，把兩條長邊黏起來，讓單箭頭對齊。完成了這個步驟，你應該就會做出一個圓筒。

為了加強你對深度的知覺所畫出的線

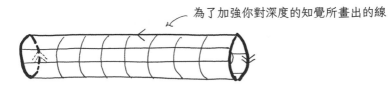

準備把剩下兩條邊接起來之前，先將圓筒其中一端的開口縮小，並把另一端的開口放大：

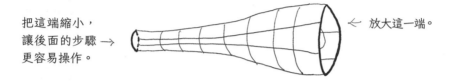

把這端縮小，
讓後面的步驟 →
更容易操作。

← 放大這一端。

　　現在，把變形圓筒的小開口彎向大開口：

把圓筒的一端
彎向另一端。　→

　　下一個步驟要小心，因為你並不希望短邊接起來之後，變成凹凸不平的甜甜圈而不是克萊因瓶：

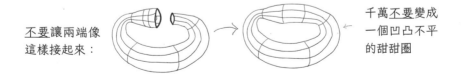

不要讓兩端像
這樣接起來：

千萬不要變成
一個凹凸不平
的甜甜圈

　　凹凸不平的甜甜圈是可賦向（orientable）的三維物件，而不是更加有趣、不可賦向（non-orientable）的四維克萊因瓶。說某個物

件「可賦向」，意思是你在散完步回到起點後，不會有頭下腳上的風險。

為了完成克萊因瓶，就要把變形圓筒的小開口彎向大開口，讓它跟自己相交，然後從現在凹凸不平的圓筒的「內部」，把兩條短邊黏合起來。

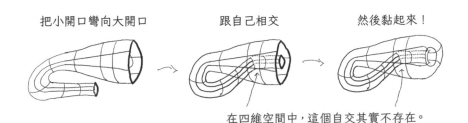

把小開口彎向大開口　　　　跟自己相交　　　　　然後黏起來！

在四維空間中，這個自交其實不存在。

在三維世界裡把短邊接合時，你的克萊因瓶看上去是自交的，然而在克萊因瓶實際存在的四維空間中，它並沒有自交。既然有了模型，不妨想像你在克萊因瓶上走一圈，邊走邊留下墨水痕。

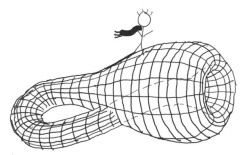

我準備好了，要在我的克萊因瓶上走一圈。

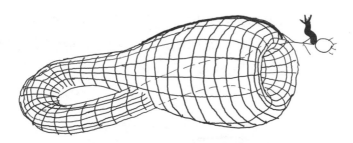

待會我要走這邊，看起來像「裡面」，
只不過我沒有跨過什麼邊緣或邊界。

　　儘管看起來有分內外，但你的克萊因瓶只有一個面，而且沒
有邊緣。沒有內外之分，它只有一個連續的曲面。

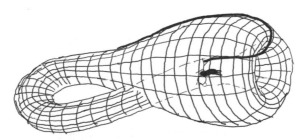

真奇怪，我還在起點的同一「面」。

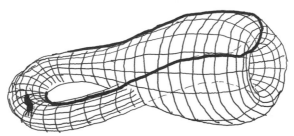

等等，我看到起點了。我要去那邊。

你的步行可以帶你回到起點，因為整個克萊因瓶只有一個面，所以起點只有一面。繞克萊因瓶走一圈可能會回到你的起點，只不過你可能會發現自己變成頭下腳上了。

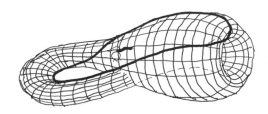

等一下！我並沒有跨過邊緣，所以我的位置和起點在同一面。還有，現在我在起點——但已經變成頭下腳上了！

純數學家非常喜歡克萊因瓶，這些抽象的數學物件展現出數學的技藝、科學、正經甚至趣味。許多數學愛好者在自己的桌上放個小克萊因瓶模型，象徵數學的樂趣和益處。對純數學家來說，克萊因瓶本身就很有趣又完美，不需要什麼用途來解釋它的存在價值，然而值得注意的是，應用數學家已經確定了進一步研究克萊因瓶的理由。例如，史丹佛大學的研究人員在美國國家科學基金會的資助下研究人的視覺，確定了人腦利用克萊因瓶拓樸結構進行高等的資料壓縮，這項發現讓我們更加了解視覺，而且有可能發展成強大的資料壓縮技術 [54]。

在追尋數學或人生目標的過程中如果失去方向感，有些人會開始慌張，然而你或許可以考慮欣然接受迷失方向，因為這有可能為你的人生增添新的維度。

問題42

在井字遊戲中，雙方輪流在3×3的棋盤格上畫「X」或「O」，設法讓自己的符號連成一線。如果拿畫有井字遊戲棋盤的紙做成克萊因瓶，那麼會贏的連線有哪些？

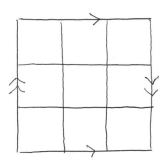

記住，邊緣要包起來，用非常照規定的方式彼此接起來。

思考一下克萊因瓶一旦黏合起來，九個格子當中有哪些可算相鄰，也許會有幫助。下面的圖例把3×3井字遊戲棋盤畫在中間，把相鄰的格子排在四周。

3	7	8	9	1
9	1	2	3	7
6	4	5	6	4
3	7	8	9	1
9	1	2	3	7

要注意，在克萊因瓶上會贏的連線，比二維平面上的井字遊戲多出很多。

譬如說，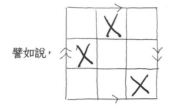是一條會贏的連線，因為 X 畫在 2、4、9 三格，這三個格子在克萊因瓶上是成一直線的。

43
走到你的經驗範圍之外，
在超立方體上

布朗大學數學教授暨前美國數學協會主席湯馬斯・班喬夫（Thomas Banchoff）在 1975 年接到一通電話，請他和著名的西班牙超現實主義畫家薩爾瓦多・達利（Salvador Dali）會面，當時他的朋友還暗示說這「如果不是惡作劇，就是訴訟」[55]。《華盛頓郵報》不久前報導了班喬夫和他的四維幾何研究，那篇報導收錄了班喬夫的照片，同時未經達利同意使用了達利畫作《超立方十字架受難》（*Corpus Hypercubus*）的照片。班喬夫很快就前往紐約與達利會面，兩人在數學、藝術，尤其是第四個維度上的共同興趣，讓他們從此展開長達數十年的情誼。

達利在這幅畫作中，並沒有把基督描繪成淌著血被釘在十字架上的形象，而是毫髮未傷、健健康康、飄浮在展開的四維正方體（也稱為超立方體）前面的身軀。就像三維的正方體可以展開成六個平面（二維）的正方形，四維的超立方體可以展開成八個三維的立方體。

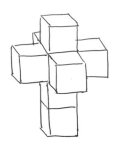

三維空間中的展開四維正方體。

　　大多數人會認為立方體是三維的物件[1]，但數學家會去想像任意維的立方體。零維的立方體就只是一個點；要從零維的立方體做出一維的立方體，就是先複製那個零維立方體，然後朝任意方向拉動一個單位，接著再把頂點連起來，最後做成的一維立方體，就是帶有長度的線段。

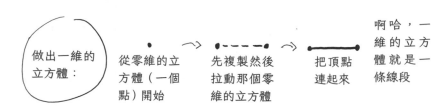

做出一維的立方體：　從零維的立方體（一個點）開始　先複製然後拉動那個零維的立方體　把頂點連起來　啊哈，一維的立方體就是一條線段

　　要從一維的立方體做出二維的立方體，首先要複製那個一維的立方體，然後朝與它的長度垂直的方向拉一個單位。接著，把頂點連起來，最後做出的二維立方體會是個既有長度又有寬度的正方形。

1　幸好，門外漢對三維正方體的理解，符合數學家對三維正方體的定義。

做出二維的
立方體：

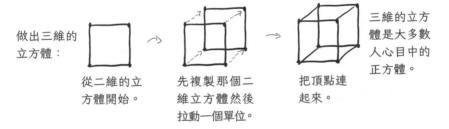

二維的立方
體是一個正
方形。

從一維的立
方體開始。

先複製那個
一維立方體
然後拉動一
個單位。

把頂點連
起來。

　　要從二維的立方體做出三維的立方體，首先要複製那個二維
的立方體，然後沿著另一個垂直的方向拉一個單位。接著，把頂
點連起來，最後所成的三維立方體，就是大多數人心目中的正方
體，也就是帶有長、寬、高，像箱子一樣的物件。

做出三維的
立方體：

三維的立方
體是大多數
人心目中的
正方體。

從二維的立方
方體開始。

先複製那個二
維立方體然後
拉動一個單位。

把頂點連
起來。

　　由於你（事實上是所有的人類）生活在三維世界裡，所以相互垂
直的方向已經用光了。儘管如此，你可能還是會嘗試遵循前面建
立起來的模式，去做出四維的立方體，稱為超立方體，同時也了
解你在低維世界中表現高維物件的結果會失真。於是，你複製三
維的正方體，然後把它拉向不存在於三維世界中的方向。既然不
知道方向，所以任何方向都行。複製並拉動三維的正方體之後，
就要把頂點連起來。你的目標是要開始看出你的四維立方體（超

立方體），即使了解這個物件在三維世界裡並不自在。

做出四維的
立方體：

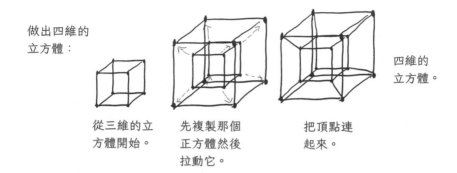

從三維的立
方體開始。

先複製那個
正方體然後
拉動它。

把頂點連
起來。

四維的
立方體。

　　要理解超立方體，你就必須走出自己的經驗範圍。進入超立方體的四維空間之前，不妨先想一想把三維的正方體展開後會發生什麼事。展開的三維正方體，存在於二維空間中，換言之，當你展開三維的正方體，會發現它由6個存在於兩個維度中的二維正方體組成，各對應到三維立方體的每個面。

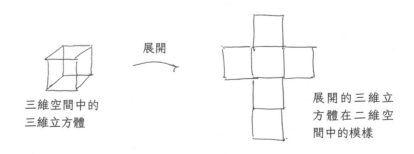

三維空間中的
三維立方體

展開

展開的三維立
方體在二維空
間中的模樣

　　以此類推，展開的超立方體也存在於比它本來所在的世界低

一維的空間中，換句話說，展開的超立方體存在於三維世界中。此外，超立方體的各個面是三維的立方體。有多少個三維立方體組成超立方體的面？把這些三維的立方體勾勒出來後，你就可以在超立方體上看到它們了。

原本的三維立方體在「裡面」

有個大的三維「外」立方體

有個三維立方體在「頂部」

有個三維立方體在右側

四維的立方體由8個三維立方體折疊而成

有個三維立方體在「後」側

有個三維立方體在左側

有個三維立方體在「前面」

有個三維立方體在「底部」

這張圖顯示，超立方體是由8個三維立方體折疊而成的。把超立方體展開後，它就處於三維空間中：

四維立方體

展開後就得到

展開的四維立方體

注意：四維的圖像在這個二維的紙面上嚴重失真。

注意：在二維紙面上呈現三維物件，通常會讓三維的圖像失真變形。

達利把基督畫在展開的超立方體上，是在表明自己對穿越維度的態度嗎？

超立方體不單單是一個有趣的思考練習。愛因斯坦的狹義相對論確定了光線以定速跑向所有的觀測者，用四個維度來表示是最好的。此外，弦論（string theory，設法了解宇宙結構的物理學分支）的數學需要十個空間維度，和一個時間維度。要了解數學與你所處的世界，有時你可能必須走出自己的經驗範圍。

問題43

在這一章，你看到要怎麼複製一個三維的正方體，然後把它拉到不存在於三維世界的某個未知方向，最後做出一個超立方體。換句話說，你把相應的頂點連接起來，看出了8個三維的立方體，也就是超立方體的面。因為拉動三維正方體的方向未知，你所拉的方向也許和這一章裡的圖解不同。舉例來說，你可能是朝下圖所示的方向拉這個三維的正方體：

複製並朝這個方向拉動

原來的正方體

正方體的複本

從正方體開始。　先複製原來的正方體，再依指示拉動。　把對應的頂點連起來。

請找出構成上圖所繪的超立方體的各個面，是哪些三維的立方體。
超立方體用這種方式表現時，你也會在這個超立方體中得到8個三
維的立方體嗎？

44

順從你的好奇心，
沿著空間填充曲線前行

在 19 世紀，義大利數學家朱塞佩·皮亞諾（Giuseppe Peano）想知道有沒有哪種曲線[1]，可以完全填滿像正方形之類的空間。從數學的角度來說，曲線與正方形是完全不同的物件，要觀察兩者間的差異，可在兩種物件上各選出一個點，然後考慮圍繞著這個點的鄰域。曲線上一點的鄰域，只包含兩個方向的點，你可以把這兩個方向稱為「前」和「後」。

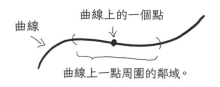

曲線

曲線上的一個點

曲線上一點周圍的鄰域。

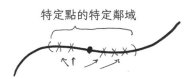

特定點的特定鄰域

每一個 x 都代表位於特定點特定鄰域的一點。

1　在數學上，「曲線」可以是直的、彎的或波浪狀的。

同時，二維正方形上一點的鄰域就包含了多個方向的點：前、後、上、下等等。

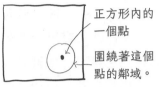

正方形內的一個點

圍繞著這個點的鄰域。

每個X都代表位於給定點的給定鄰域的一個點。

這裡的重要觀念是，線段是有長度但沒有寬度的一維物件，而正方形是既有長度又有寬度的二維物件。

有些數學家什麼工作也沒做就回應皮亞諾的提問，說填滿空間的曲線不可能存在。他們說，即使曲線折回到和自己重合，讓寬度變成原來的兩倍，總寬度仍然是零。（這是因為 $2 \times 0 = 0$。）他們根本還沒開始，就放棄鑽研這個問題了。

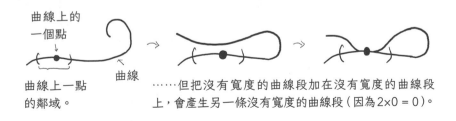

曲線上的一個點

曲線

曲線上一點的鄰域。

……但把沒有寬度的曲線段加在沒有寬度的曲線段上，會產生另一條沒有寬度的曲線段（因為 $2 \times 0 = 0$）。

然而皮亞諾開始好奇，這個問題有沒有別的想像方式。

他明白，基於前面解釋的原因，在我們非常有限的世界中，

可能永遠不會有空間填充曲線存在。然而他考慮了這種曲線存在於無窮世界中的可能性。現在我要試著解釋如何「看」無窮的世界，請跟著我一起看下去吧。皮亞諾可以在紙上畫出有限的曲線（例如線段），但他知道自己無論如何都無法在紙上畫出無窮的圖像，為了「看到」無窮的構圖，他必須先在紙上畫出一系列的有限草圖，而這些圖受制於某個既定的模式。再來，他就必須想像這個模式無止境地進行下去，去設想無窮的構圖。換句話說，根據一系列有限構圖作出的無窮構圖是存在的，但只能在人腦中看見。

皮亞諾決定定義一連串的有限構圖，可把愈切愈細的線段（「曲線」）映射到愈切愈小的正方形（他希望這條曲線最後會填滿的「空間」）。因此，他先確定了一系列的有限構圖，把每個線段細分成更小的子區間，把每個正方形細分成更小的子正方形：

第1步：

分成4個子區間的曲線

分成4個子正方形的正方形

第2步：

分成16個子區間的曲線

分成16個子正方形的正方形

第3步：　　　　　　　　├┼┼┼┼┼┼┼┤

分成64個
子區間的曲線

分成64個子正方形的
正方形

　　他建立起模式，使後續的步驟變得清楚明瞭。舉例來說，序列中第4步的區間和正方形，就分別有256個子區間和256個子正方形。

　　接下來，他可能會像下圖那樣，讓每條細分的線段蜿蜒穿過每個子正方形的中心，也許還需要把線段拉長。

第1步　　　　　　　第2步　　　　　　　第3步

● ● ● ● ● ──→
這個模式一直繼續
下去！

讓第1步的曲
線蜿蜒穿過
第1步的正方
形，讓子區
間與子正方
形對應。

像前面那樣，
讓第2步的曲
線蜿蜒穿過
第2步的正方
形（也許需要
把曲線拉長）。

讓第3步的曲
線蜿蜒穿過
第3步的正方
形。

　　同樣的，他又建立了一個模式，依序把線段映射到正方形，這樣他不必實際畫出來也能知道第10步、第100步，甚至第100

萬步的映射結果。

　　為了從這個有限描繪序列得到無窮的構圖，皮亞諾知道他在
每一步的映射時，都必須觀察一些規則。首先，如果有必要或需
要，映射時線段可以拉長。此外，線段上可算是「附近」的點，
至少在映射到正方形時應該仍要在「附近」，或者，線段上彼此離
得「遠」的點在映射到正方形時還是離得「遠」。

　　很可惜，這個序列中的蜿蜒曲線違反了至少一個必要性質。
就拿序列中第3步的線段來說吧，在下圖中，A點和B點在映射
到正方形之前和之後，在線段上都離得「很近」，有按照規則。

A和B離得很近，C與A和B兩點的距離都很遠。　　　A、B、C三點都很靠近。

　　然而有許多對點，如A點和C點，原本在線段上離得「遠」，
映射到正方形之後卻彼此「靠近」了。這一連串的蜿蜒曲線雖然
在視覺上很有趣，卻也違反了至少一個性質，因此，無窮版本的
蜿蜒曲線並不存在。皮亞諾需要換一種思路。

　　最後，皮亞諾終於發現一系列的曲線，可讓線段上「近」的
點映射到正方形之後也保持「近」，線段上「遠」的點在正方形上
也保持「遠」。沒過多久，他就發現了一種空間填充曲線，這是把

他的映射序列進行無窮多次所生成的結果。可惜,他的空間填充曲線實在太複雜了,很少人懂。

德國數學家希爾伯特接手,把皮亞諾的想法又再研究了一番,做了一些改進和簡化。他提出的曲線,現在稱為希爾伯特空間填充曲線,若要理解這種曲線,你可以先畫出所謂的擬希爾伯特曲線(pseudo Hilbert curve),如下圖所示:

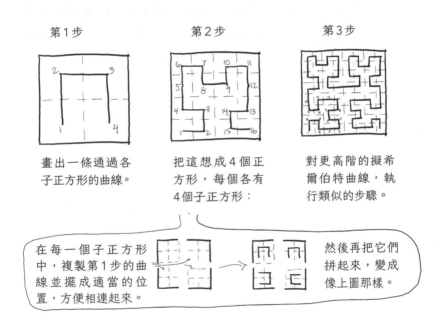

第1步
畫出一條通過各子正方形的曲線。

第2步
把這想成4個正方形,每個各有4個子正方形:

第3步
對更高階的擬希爾伯特曲線,執行類似的步驟。

在每一個子正方形中,複製第1步的曲線並擺成適當的位置,方便相連起來。

然後再把它們拼起來,變成像上圖那樣。

沒有任何一條擬希爾伯特曲線是空間填充曲線(不管是第10步、第100步,還是第1,000,000步生成的曲線),這是因為擬希爾伯特曲線的子區間只能填滿子正方形的零寬度切片。然而,與蜿蜒曲

線不同，擬希爾伯特曲線的序列會產生出無限的版本，很大一部分的原因正是擬曲線中要讓「近」的點保持「近」，「遠」的點保持「遠」的必要條件。換言之，擬希爾伯特曲線的無窮序列會生成希爾伯特的空間填充曲線。

牛頓在他的巨著《自然哲學之數學原理》（*Philosophiae Naturalis Principia Mathematica*）中，試圖禁止空間填充曲線。把一維的線轉換成二維正方形的概念，會動搖讓牛頓建立起幾何理解的基礎，但如今很少有數學家質疑有空間填充曲線存在了。（希爾伯特的空間填充曲線是最廣為流傳的曲線之一。）數學探索需要像皮亞諾這樣的好奇心，而空間填充曲線就和這種需求一樣真實。

問題44

本章中的擬希爾伯特曲線無窮版本，並不是唯一的空間填充曲線，另一種空間填充曲線第1階的擬空間填充曲線，看起來像這樣：

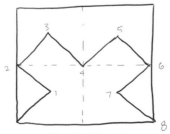

第1階的擬曲線

請找出這個序列中第2階和第3階的擬曲線。務必讓你所建立的模式在更高階擬曲線的情形下是明確的。

45
用分數維訓練你的想像力

在你的三維世界中，很容易看出一維、二維和三維的物件。舉例來說，盒子會往三個互相垂直的方向延伸：長、寬和高。一張二維的活頁紙既有長度又有寬度。[1]一根一維的頭髮只有長度。[2]

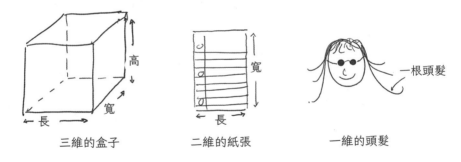

三維的盒子   二維的紙張   一維的頭髮

然而你應該知道，有些物件的維度不是數字一、二、三。就拿科赫曲線（Koch curve）來說好了，這種物件的維度介於一條線

---

1   嚴格說來，一張紙的高度很微小，但為了方便討論，就假設高度為零。
2   同樣的，一維的頭髮寬度很微小，但為了方便討論，我們也假設寬度為零。

的維度和一張紙的維度之間；也就是說，科赫曲線的維度大約是
1.26185維，是分數維，而不是由正整數表示的維度。儘管如此，
它就像盒子、紙張或馬路中央的分線一樣真實，只是必須訓練一
下想像力才看得到。

　　為了想像科赫曲線，不妨從直線段開始。第一步，把線段三
等分。第二步，把中間的三分之一段，換成由兩條線段組成的倒
「V」，每條線段的長度要和所換掉的線段等長。

第一步：　　　　　　　　　　先畫一條直線。把這條線三等分。

第二步：　　　　　　　　　　把中間的三分之一段，換成由2
　　　　　　　　　　　　　　條線段組成的倒V，每段的長度
　　　　　　　　　　　　　　仍與換掉的那段等長。

現在對最後一張圖的四個線段重複做第一步和第二步。

把每個線段三等分。　　　　　　把每個線段的中間三分之一段換成倒V。

接著對產生的每個線段再重複做第一步和第二步。

然後再對新產生的每個線段重複做第一步和第二步。

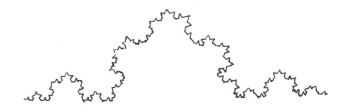

　　對產生的所有線段一直不停重複做第一步和第二步，也就是
把第一步和第二步重複做無限多次。要注意，就連最後一張圖也
不是真正的科赫曲線，因為真正的科赫曲線所需要的細節還要花
上無止盡的時間來描繪。不過，最後一張圖也許能幫助你憑直覺
了解科赫曲線的一些視覺、觸覺性質；如果要在科赫曲線上散步，
你應該能走完整條曲線以及寬度概念的一小部分，但又不許探索
整個寬度。

　　要了解為什麼科赫曲線的維度大約是1.26185，可把你長久
以來認為的維度整理成下表：

物件	維度
線	1
紙張	2
盒子	3

　　為了找出某個物件的維度，首先要確定，這個物件需要多少

個才會讓長度放大成兩倍，變成更大且自我相似的物件。舉例來說，為了把某條一維線段的長度放大成兩倍，產生更長的線段，會需要兩個原線段：

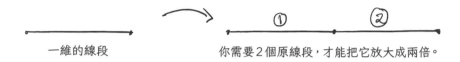

一維的線段　　　　　　你需要2個原線段，才能把它放大成兩倍。

要把二維正方形的長度放大成兩倍，需要四個原正方形：

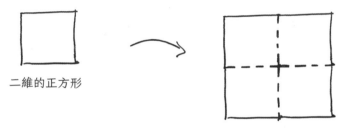

二維的正方形

你需要4個原正方形，才能把它放大成兩倍。

要把三維正方體的長度放大成兩倍，需要八個原正方體：

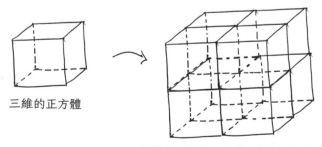

三維的正方體

你需要8個原正方體，才能把它放大成兩倍。

你可以把這些資訊整理成一張表：

物件	維度	把物件長度放大成 2 倍，做成更大的自相似物件所需的個數
線	1	2
紙張	2	4
盒子	3	8

你可以把這張表改寫如下：

物件	維度	把物件長度放大成 2 倍，做成更大的自相似物件所需的個數
線	1	2^1
紙張	2	2^2
盒子	3	2^3

　　看看最後一行的那些指數，這個物件的維度就出現在指數中。一般來說，要把 n 維物件放大成 2 倍，你需要 2^n 個物件。
　　如果你把物件的長度放大成三倍，那麼維度也會出現在指數中。

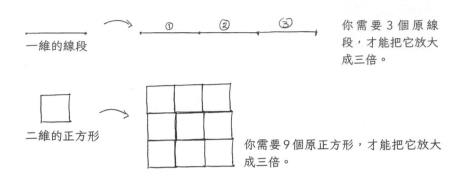

一維的線段　你需要 3 個原線段，才能把它放大成三倍。

二維的正方形　你需要 9 個原正方形，才能把它放大成三倍。

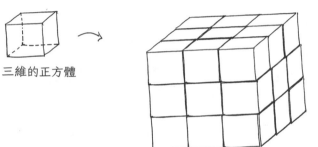

三維的正方體　你需要 27 個原正方體，才能把它放大成三倍。

你可以把你的結果整理成一張表：

物件	維度	把物件長度放大成 3 倍，做成更大的自相似物件所需的個數
線	1	$3 = 3^1$
紙張	2	$9 = 3^2$
盒子	3	$27 = 3^3$

換句話說，如果把一個物件的長度放大成 S 倍，會需要 S^n 個物件，那麼它就是 n 維的。維度的這種定義不只適用於一維的線、二維的紙張和三維的盒子，在決定科赫曲線的維度上也行得通。為了算出科赫曲線的維度，就要問：把科赫曲線放大，需要多少段科赫曲線？

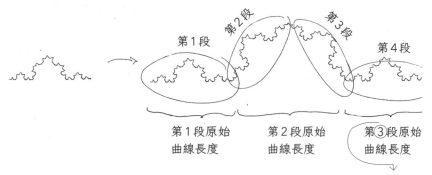

你需要 4 段原始科赫曲線，才能把它放大成三倍。

　　如圖所示，你需要四段科赫曲線才能把它的長度放大成三倍；換言之，要生成長度為原始科赫曲線三倍的自相似科赫曲線，需要四段原始科赫曲線。因此，你可以嘗試解出下列方程式裡的 d：

$$3^d = 4$$

　　考慮一下這個方程式。有可能 d = 1 嗎？不可能，因為 $3^1 =$ 3，不是 4。有可能 d = 2 嗎？不可能，因為 $3^2 = 9$，不是 4。

　　你想要解方程式 $3^d = 4$。看樣子 d 一定大於 1，但小於 2。由

於1和2之間沒有其他的整數，因此 d 一定不是整數。這是第一次暗示你科赫曲線的維度 d 是分數。結果，

$$d \approx 1.26185$$

其中的波浪狀等號表示「約等於」。你可以用計算機驗算一下是不是 $3^{1.26185} \approx 4$。

科赫曲線展示了一個奇特的分數維世界。當你運用想像力觀察分數維，可能就會讓自己更樂於接受各種不尋常的可能情況。往後如果有人暗示，你在數學上或人生中選擇有限，或許你會發現自己這麼回應：「啊，但別忘記科赫曲線教我們的事！」

問題45

找出佘賓斯基三角形（Sierpinski triangle）的近似（分數）維度。你可以照下列步驟想像佘賓斯基三角形：

a. 畫個直立的等邊三角形（即正三角形）。

b. 把你所畫的正三角形各邊中點標示出來。作這三個點的連線，這樣你就會在原來的直立正三角形中央，看到小一點的倒立三角形。

在產生的圖中的每個直立正三角形上，把第1步和第2步重複做無限多次。

第1步和第2步
做第1次的結果

做第2次的結果

做第3次的結果

做第4次的結果

做第5次的結果

→ ……繼續做，不要停！

46

要謹慎行事，
因為有些無限大比其他更大

有些人可能會假設所有的無窮集合都一樣大，不過，有些無限大比其他的更大。但無限大要怎麼比較？為了比較兩個有限集合的大小，就要算出各集合內的元素個數，再比較這兩個數目，元素較多的有限集合就是比較大的集合。舉例來說，「月份」這個有限集合有12個元素，而「星期」這個有限集合有7個元素，因為12 > 7，你可能就很確定月份集合比星期集合大。由於無窮集合沒有附屬的數目可指定相對的大小，因此需要換個方法比較它們的相對大小。

最小的無窮稱為「可數」無窮，儘管用「可數」（countable）來稱呼有點用詞不當。你永遠無法完整算出可數無窮集合中的所有元素，相反的，你可以採用某個方法列出可數無窮集合中的元素，讓你在還有剩餘時間的情況下，可以把它們全部數出來，一個也不漏。就拿自然數（正整數）這個最著名的可數無窮集合來說吧，

你可以把自然數由小排到大：1, 2, 3, 4, 5, ...，刪節號「...」表示你應該不斷繼續加 1，得出下一個數。用這種寫法列出集合中的元素，你就可以確定每個自然數都會列出來。例如，17 是所列出的第 17 個元素，而 4,592 是數列中的第 4,592 個數。把自然數依數字順序寫出來，你就有可能把它們全部數完，一個也不遺漏，只要你還有剩餘的時間。

在介紹無窮集合的比大小方法之前，你還必須了解集合一對一對應（one-to-one correspondence）的概念。兩個集合的一對一對應，是指其中一個集合的每個元素都與另一個集合中的唯一元素配對，而且兩集合中都沒有未配對的元素。你可以考慮兩個有限集合或兩個無窮集合之間的一對一對應。在下面的例子中，左圖描繪出兩個有限集合的一對一對應，而中間和右圖沒有描述有限集合之間的一對一對應。

人的集合　帽子的集合　　人的集合　帽子的集合　　人的集合　帽子的集合

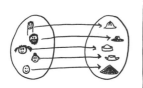 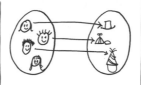 

這兩個集合之間是一對一對應

這兩個集合之間不是一對一對應；有一人沒有帽子。

這兩個集合之間不是一對一對應；有兩頂帽子沒人戴。

同理，星期集合和月份集合之間沒有一對一對應，如下圖所示：

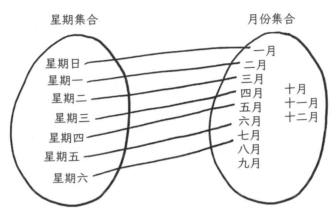

不是一對一對應，因為八月、九月、十月、十一月及十二月未配對。

　　不可能指出兩集合間的一對一對應時，你就可以確定兩個集合的大小不一樣——跟各個集合中的元素個數完全無關。或者說，兩集合間有一對一對應存在，可向你保證兩個集合一樣大——也和每個集合中的元素個數無關。舉例來說，一隻手的手指頭集合和一隻腳的腳趾頭集合有一對一對應，如右圖所示。

　　既然你能指出手指集合和腳趾集合之間的一對一對應，就可以確定這兩個集合一樣大——根本不用數手指或腳趾。當然，數五根手指和五個腳趾然後比較數目並不困難，然而遇到計數有困難或不可能辦到的時候，比如在無窮集合的例子裡，你就會發覺

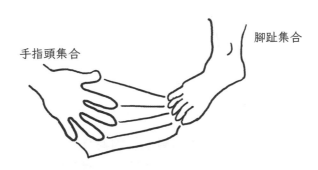

手指頭集合　　　　　　　腳趾集合

集合一對一對應的比大小方法是極其重要的。

　　回想一下，可數無窮（也就是最小的無窮）是自然數 1, 2, 3, ... 集合的大小。要說某個集合是可數無窮，表示你可以指出所給集合與自然數集合之間的一對一對應。譬如我們要比較自然數 1, 2, 3, 4, ... 的無窮集合與正偶數 2, 4, 6, 8, ... 的無窮集合。兩個都是無窮集合，但它們一樣大嗎？乍看之下，你或許會注意到正偶數集合中的每個元素都在自然數集合中，此外，自然數集合也包含了奇數，基於這個理由，自然數集合看起來比正偶數集合大。

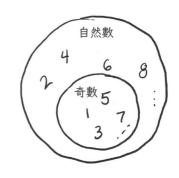

　　在這裡要謹慎行事，因為在考慮無窮集合時，你對大小的直覺可能幫不上忙。舉例來說，你大概會嘗試找出一對一的對應，把自然數集合中的每個正偶數和偶數集合中的雙胞兄弟配成對：

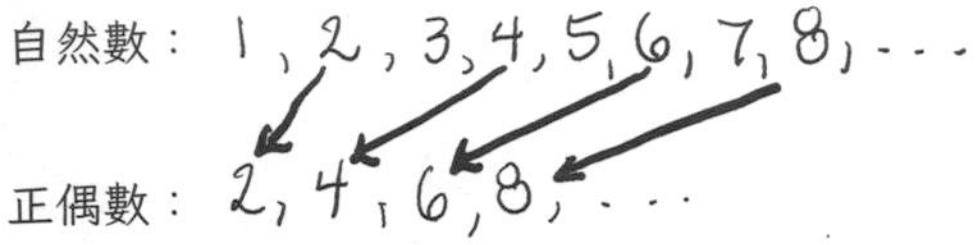

自然數： 1, 2, 3, 4, 5, 6, 7, 8, ...

正偶數： 2, 4, 6, 8, ...

　　這種配對不是一對一對應，因為自然數集合中有一些數未配對——即所有的奇數。儘管如此，這兩個集合之間仍然有一對一的對應存在！譬如考慮把每個自然數——對應到它的兩倍的那個偶數：

試試看：把自然數
n對應到偶數2n。

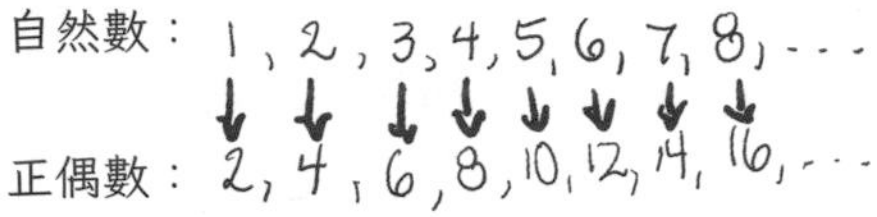

自然數： 1, 2, 3, 4, 5, 6, 7, 8, ...

正偶數： 2, 4, 6, 8, 10, 12, 14, 16, ...

　　由於自然數與正偶數之間有一對一的對應存在，因此這兩個無窮集合一樣大。也就是說，自然數和偶數都是可數無窮集合。

　　分數（也稱為有理數）的無窮集合與自然數集合，誰大誰小呢？畫出這兩個集合代表元素[1]的文氏圖顯示，所有的自然數都是有理數，但很多有理數不是自然數：

1　有理數和自然數都是無窮集合，所以不可能在文氏圖中列出它們的所有元素。因此，文氏圖只包含了代表元素。

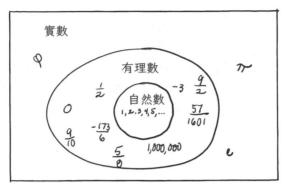

注意：這個文氏圖的每個區域都有無窮多個數。所選的數是代表元素。

不過，最後那個例子還是說明了，把額外一些數字丟進已經無限大的集合中，未必會讓那個無窮集合變得更大。要比較兩個無窮集合的大小，必須考慮這兩個集合之間是否有一對一對應存在。為了找這種對應，首先要著手找個方法來列出所有的有理數，一個也不遺漏。接著，判定所列出的有理數是否可以和自然數一一對應。為了有條不紊地列出有理數，不妨把有理數安排成陣列，像下圖這樣：

$$\frac{1}{1} \quad \frac{1}{2} \quad \frac{1}{3} \quad \frac{1}{4} \quad \frac{1}{5} \quad \cdots$$

$$\frac{2}{1} \quad \frac{2}{2} \quad \frac{2}{3} \quad \frac{2}{4} \quad \frac{2}{5} \quad \cdots$$

$$\frac{3}{1} \quad \frac{3}{2} \quad \frac{3}{3} \quad \frac{3}{4} \quad \frac{3}{5} \quad \cdots$$

$$\frac{4}{1} \quad \frac{4}{2} \quad \frac{4}{3} \quad \frac{4}{4} \quad \frac{4}{5} \quad \cdots$$

$$\frac{5}{1} \quad \frac{5}{2} \quad \frac{5}{3} \quad \frac{5}{4} \quad \frac{5}{5} \quad \cdots$$

$$\cdot \quad \cdot \quad \cdot \quad \cdot \quad \cdot$$

雖然永遠不可能列出所有的有理數，但這個陣列很有條理，每個有理數都出現在陣列中的特定地方。當然，有些數在這個陣列中重複了，例如。為了確保陣列中沒有重複的數，就要劃掉重複出現的數，如下所示：

$$\frac{1}{1} \quad \frac{1}{2} \quad \frac{1}{3} \quad \frac{1}{4} \quad \frac{1}{5} \quad \cdots$$

$$\frac{2}{1} \quad \frac{\cancel{2}}{\cancel{2}} \quad \frac{2}{3} \quad \frac{\cancel{2}}{\cancel{4}} \quad \frac{2}{5} \quad \cdots$$

$$\frac{3}{1} \quad \frac{3}{2} \quad \frac{\cancel{3}}{\cancel{3}} \quad \frac{3}{4} \quad \frac{3}{5} \quad \cdots \text{—劃掉重複出現的分數。}$$

$$\frac{4}{1} \quad \frac{\cancel{4}}{\cancel{2}} \quad \frac{4}{3} \quad \frac{\cancel{4}}{\cancel{4}} \quad \frac{4}{5} \quad \cdots \text{舉例來說，因為} \frac{1}{1} = \frac{2}{2} = \frac{3}{3} = \frac{4}{4} = \frac{5}{5} = \cdots \frac{4}{4},$$

$$\frac{5}{1} \quad \frac{5}{2} \quad \frac{5}{3} \quad \frac{5}{4} \quad \frac{\cancel{5}}{\cancel{5}} \quad \cdots \text{你只需要保留} \frac{1}{1} 。$$

刪去重複出現的數之後，你的陣列會像這樣：

$$\frac{1}{1} \quad \frac{1}{2} \quad \frac{1}{3} \quad \frac{1}{4} \quad \frac{1}{5} \quad \cdots$$

$$\frac{2}{1} \qquad\quad \frac{2}{3} \qquad\quad \frac{2}{5} \quad \cdots$$

$$\frac{3}{1} \quad \frac{3}{2} \qquad\quad \frac{3}{4} \quad \frac{3}{5} \quad \cdots$$

$$\frac{4}{1} \qquad\quad \frac{4}{3} \qquad\quad \frac{4}{5} \quad \cdots$$

$$\frac{5}{1} \quad \frac{5}{2} \quad \frac{5}{3} \quad \frac{5}{4} \qquad\quad \cdots$$

現在，在陣列中畫一條來回蜿蜒的斜線，如下圖所示。照這種畫法，這條線會通過陣列中每個不重複的有理數。如果接下來把線拉開，讓有理數與線一起拖動，你就會得到所有不重複有理數的完整清單。

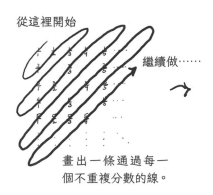

從這裡開始

繼續做……

把這條線拉開，看看不重複分數列出的順序。

畫出一條通過每一個不重複分數的線。

　　現在你可以找到無限（且完整）不重複有理數清單與無窮自然數清單之間的一對一對應：

不重複有理數的有系統清單：$\frac{1}{1}, \frac{2}{1}, \frac{1}{2}, \frac{1}{3}, \frac{3}{1}, \frac{4}{1}, \frac{3}{2}, \frac{2}{3}, \frac{1}{4}, \frac{1}{5}, \frac{5}{1}, \cdots$

自然數：$1, 2, 3, 4, 5, 6, 7, 8, 9, 10, 11, \cdots$

　　由於這種一對一對應存在，有理數集合必定與自然數集合一樣大；換言之，兩個都是最小的無窮集合：可數無窮。

　　到這裡，你一定很想知道有沒有哪個無窮集合比自然數更大，也就是說：有沒有哪個無窮集合不能和自然數一對一對應。到目前為止，你已經看到自然數、正偶數和有理數都是大小相同

的無窮集合：可數無窮。即使其中一些集合是彼此的真子集，情況也是如此。要找到更大的無窮集合，你必須考慮實數。實數就是數線上的所有數字，也就是說，實數集合不但包含自然數與有理數，還包含了會寫成無限不循環小數的無理數。舉例來說，π（讀作「pi」）＝ 3.14159... 這個數是無理數，φ（讀作「phi」）＝ 1.618033... 這個數[2]也是無理數，還有常出現在財務計算結果的數 e（= 2.71828...），也是無理數。別忘了考慮數線上所有沒名字的不循環小數。

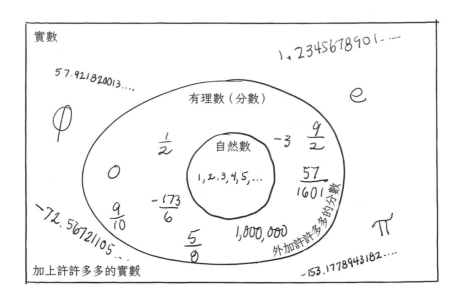

也許你會認為這些無理數是反常的東西，因為在日常生活中不常提到。你不大可能向熟食店訂過 φ 磅的瑞士乾酪切片，付過 e 元午餐錢，甚至用 π 種方法切派餅。然而，這些無理數一點也不罕見，情況其實恰恰相反。你知道、喜愛、每天都會用來數牛隻、記錄債務或切派的有理數（如 3、-10、$\frac{1}{2}$），當放在數線上所有的數字當中時，是稀世珍寶、怪咖、千載難逢的數。無理數的無窮集合遠大於有理數的無窮集合，說得具體些，無理數的無窮集合是不可數無窮（uncountable infinity）。換句話說，嘗試把自然數和無理數一一對應的努力都是白費工夫。

你可能會這麼想：假定有人聲稱自己找到了自然數和實數之間的一對一對應，所列出的對應也許是這樣起頭的：

自然　⇨　實數
1　⇨　　1.23948234...
2　⇨　　94.92384976...
3　⇨　　-87.67865698...
4　⇨　　2,340,777.000309...
5　⇨　　-4.66203856...
6　⇨　　0.56231222...
7　⇨　　17.33339333...
⋮

這個對應的模式雖然不清楚，你還是可以告訴這個人，你知道有個實數，你百分之百確定不在清單上。如果那個人說：「我

不信。」你就可以利用這個清單造出一個漏掉的實數。你會特意造出那個漏掉的數，讓它與列在清單上的每個數都不同。說得更確切些，你將確保漏掉的數與清單上的第一個數、第二個數、第三個數、第……不同。造出漏掉實數的方法如下：

- 替漏掉實數的第一位小數選個數字，讓它和清單上第一個實數的第一位小數不一樣。
- 替漏掉實數的第二位小數選個數字，讓它和清單上第二個實數的第二位小數不一樣。
- 替漏掉實數的第三位小數選個數字，讓它和清單上第三個實數的第三位小數不一樣。

以此類推。對於上面所給的清單，你可以開始做筆記，如下所示：

自然數	→	實數					
1 → 1.2̃3948234 …		← 漏掉的數在小數點後第1位應該是 **2,**
2 → 94.90̃384976 …		← " " " 第2位					**2.**
3 → −87.67̃865698 …		← " " " 第3位					**8.**
4 → 2340777.000̃309 …		← " " " 第4位					**3.**
5 → −4.6620̃3856 …		← " " " 第5位					**3.**
6 → 0.5623122̃2 …		← " " " 第6位					**2,**
7 → 17.3333933̃3 …		← " " " 第7位					**3.**
⋮		⋮ ⋮ ⋮ ⋮ ⋮ ⋮
↓		↓ ↓ ↓ ↓ ↓ ↓
繼續下去		

或者你也可以做下面這樣的筆記：

漏掉的數：

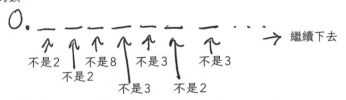

現在要來造漏掉的數了。你有很多種選擇，根據剛才簡述的標準，你大概會選比你想避開的數字多1的數字。換句話說，你也許會選：

一個漏掉的數：

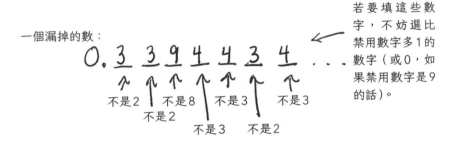

若要填這些數字，不妨選比禁用數字多1的數字（或0，如果禁用數字是9的話）。

也就是說，0.3394434... 這個數不在清單上，因為它的第一位小數和清單上的第一個數不同，第二位小數和清單上的第二個數不同，第三位小數和清單上的第三個數不同，以此類推。即使你要回過頭把這個漏掉的數加到實數清單的開頭，讓其他的實數

下移一行，你還是可以利用同樣的方法，找出另一個不在清單上的實數。事實上，你總是能夠找到漏掉的實數，因為不可能列出所有的實數。（回想一下前面的例子，你要列出有理數，結果你很確定每一個有理數都在你的清單上。）由於實數不可能全部列出來，因此要指出實數和自然數之間的一對一對應也是不可能的。基於這個理由，實數的無窮集合就代表比自然數的無窮集合更大的無限大；換言之，自然數和有理數是可數無窮，而實數是不可數無窮。實數實在是太多了，即使你還有剩餘的時間，也永遠數不清。

葛楚・史坦（Gertrude Stein）在她的詩作〈神聖的艾蜜莉〉中寫道：「蘿絲是玫瑰就像玫瑰是玫瑰。」（Rose is a rose is a rose is a rose.）此後大眾文化就把這個詩句縮短成「一朵玫瑰就像玫瑰是玫瑰」（a rose is a rose is a rose）。這句話漸漸變成這個意思：大部分的事物就像看起來的那樣。然而，玫瑰有時不是玫瑰，或在這個例子裡，無窮不是無窮。也就是說，可數無窮與自然數是完全一致的，因此是一種十分容易處理，甚至平淡無奇的無窮。然而，不可數無窮實在數不勝數，想替它排序是白費工夫。在數學上和人生中都要謹慎行事，以免把僅只是大的東西與大到不可斗量的東西混為一談。

問題 46

自然數集合和包含了自然數及負整數的集合一樣大嗎？

結語

這是你的數學旅程尾聲、中途還是起始？

這本書探究的是數學主題，但還有更多你可去探索的地方。劇變理論、中國餘數定理、組合數學、複變分析；等價關係、歐幾里得的《原本》、歐拉的公式；菲爾茲獎和四色定理；伽羅瓦理論、賭徒謬誤、測地圓頂、時空幾何、群論；火腿三明治定理；同構；線性代數；曼德布洛特集、數學歸納法、矩陣、怪物群；平行公設、巴斯卡三角形、完全數、置換群、圓周率、龐加萊猜想、射影幾何、公開金鑰密碼學、畢氏定理；四元數；迴歸分析；集合論、化圓為方、超現實數；真值表、圖靈機、把球面內外翻轉；文氏圖；小波；零點。清單永遠列不完。

你也可以練習其他的人生課題，你會覺得這些課題在追尋數學目標方面很有效。適應脆弱性；堅定論辯；大量提問；坦率提問；要有耐心；要相信自己；讚揚成就；考慮不大可能發生的事；花工夫練習；快轉；陷入困境；有信心；玩個痛快；向他人學習；傾聽；設法應付困境；停下來；閱讀；從挫折中重新振作；放開

顧慮；尋找更難或最艱難的問題；尋求建設性的回饋意見；設定目標；說話清晰明瞭；放慢腳步；奮力前進；記取教訓；在你的桌前思考；在世界上仔細思考；大量使用廢紙；擊退恐懼；大膽冒險；閒逛；接受寂靜。這個清單也永遠列不完。

雖然這本書篇幅有限，但關於數學本身和數學堅持的對話有無限的可能。不妨讓這本書成為你的旅程的起始或中途（如果你已經在認真追求數學知識的話）。

接下來可往哪裡去？

如果你希望人生中充滿更多數學，不妨充分利用教室裡或課外的資源。如果你還在求學，就去修符合課程要求的數學課，但也可以修數學選修課，你會在這兩種課堂上看到不同類型的學生。上課前要好好休息。上課時要發問。按時完成作業，這樣才能為下一堂課做好準備。去找要求最高又有教學熱情的老師。在他們的辦公時間找他們討論數學，不管你在學習上有點費力還是表現得不錯。和同學組成學習小組，這樣你在課外時間就有人可以討論。感謝學校提供寶貴而短暫的機會，讓你在有引導的情況下專注學習特定的主題。珍惜時間、資源，尤其是那個正式環境中的人。

在課外時間，圖書館是非常好的資源。瀏覽一下書架，或請圖書館員推薦受歡迎又歷久不衰的數學書。也可以連上美國數學學會網站的「最新消息和大眾推廣」專區[1]，看看你對什麼感興

趣，再去圖書館借閱幾本書。去當地書店的數學與科普書區隨便看看，瀏覽你最喜歡的科普書出版社的圖書目錄，也很有趣。這些年來我和女兒養成慣例，會在十二月初仔細翻看牛津大學出版社的數學與科學類書訊。（她喜歡化學。）我們很期待耶誕新年假期，因為知道到時候會有一大堆讓我們增廣見聞、接觸新知的書籍。

可去讀有科學版的報紙，因為上面通常會有數學主題的文章。如果你可以上網，RealClearScience[2]會公布年度最佳科學新聞網站，也包括數學新聞。他們最近的名單上就有幾個我最喜歡的網站：Aeon、The Atlantic、Discover、Nature News、New Scientist、Quanta、Science Magazine、Science News、Scientific American、Smithsonian 和 STAT。這些題材包羅萬象的科學新聞媒體，把數學納入他們的科學報導中，也會發布數學新聞。你也可以在社群媒體追蹤他們；最近我從一則推文得知大象會計數，感到十分開心。

每當你看到電影或電視節目中描述的數學，不妨探究一下它是否正確。在記述諾貝爾經濟學獎得主納許人生經歷的好萊塢電影《美麗境界》中，有一個納許均衡的例子，很突出，但並不正確。[3]《關鍵少數》這部賣座電影，在講一群替 NASA 阿波羅太空飛行任務擔任計算員和數學家的黑人女性數學家，片中漂亮又

1　詳見：https://www.ams.org/publicoutreach/publicoutreach。
2　詳見：https://www.realclearscience.com/。
3　納許均衡在第 29 章〈可能的話就合作，因為賽局理論〉有討論。

正確地描述了歐拉的方法。（有位數學家擔任那部電影的顧問，這也難怪。）娛樂圈甚至還會拋出問題讓你解答，就像頗受歡迎的情境喜劇《宅男行不行》(*The Big Bang Theory*) 的某一集在不知不覺中做到的。劇中主角（一位物理學家）宣稱：「最優美的數字是73。為什麼？73是第21個質數。它的鏡像37是第12個質數，而12的鏡像21是7和3的乘積……寫成二進位數的時候，73是一個迴文，1001001，反過來也是1001001。」[56]有兩位數學家看了這一集後，著手證明73是唯一有鏡像性質和迴文性質的數；他們的證明不但發表在信譽良好的期刊上，還出現在《宅男行不行》隨後某一集的白板上。

別忘了地方上和地區所屬的科學教育中心，因為有許多都會提供以數學為主題的展覽和活動，熱心的解說員往往是資訊的來源。各大學也經常歡迎大眾參加數學科學講座和展覽，訂閱他們的推播內容，接收活動訊息通知。

最後，不要低估你與平時遇到的人偶爾聊到數學的可能性。向賣場人員請教有效率的裝箱方法，向醫生和藥劑師詢問藥物在血液中的半衰期，跟室內設計師詢問花樣模式，向消防人員請教燃燒速率，向農夫詢問作物產量，向建築師和建築工詢問幾何，向藝術家詢問透視圖，問運動迷統計數字。這些人當中有許多人長年在與本身工作相關的領域磨練數學專業知識，他們可以教你。

最後請記住，數學現在不是，也未曾是考試成績、修到的學分或拿到的學位而已。對許多專業目標來說，文憑雖然不是必需，但通常還是很有用，然而別忘了培養自己對周圍數學的刻意

關注。如果你出現並努力理解，不論在課堂上還是教室外，就應該感到自豪。不妨透過數學的鏡頭，讓你內在的數學家自由，去觀察生活——今天和每一天。

解答

_____

■ **第1章**

　　哥德巴赫的聲明就是今天赫赫有名的哥德巴赫猜想（Goldbach
Conjecture），它還沒被證明是對或錯。若鑽研這個問題，你就加
入了數學家和數學愛好者的行列，和他們一起努力弄清楚質數的
不可預料（就像蟬的生命週期）和質數之謎（就如哥德巴赫猜想）。數學
家已經證實，對於從 4 到 2×10^{10} 的所有偶數，哥德巴赫猜想都是
對的，不過他們還沒有排除比這更大的偶數無法寫成兩個質數之
和的可能性。記住並非每個數學問題都有答案，這點很重要，數
學上有些最迷人的問題，正是那些仍然不知道答案的問題。

第2章

你可用幾種不同的方法做完這道練習題，就看你想達到怎麼樣的準確度。

我住在美國，所以我會從一張只含美國大陸的簡化地圖開始。（我要向阿拉斯加和夏威夷的居民道歉！）這樣我就得到各州首府沃羅諾伊圖的近似圖，如下所示：

看看加州！

我會從我居住的美國大陸的簡化模型開始。圓點大致標出各州首府的位置。

在中間的步驟，我在兩圓點間的中點畫上短線段。

接著我把這些線段連成多邊形。它只是很粗略的近似，不過我了解其中的觀念！

做出近似圖的另外一個方法，也要靠你反覆畫出地圖幾次。畫第一次的時候，你可以用圓規畫出位點（首府）周圍的小圓圈，讓圓圈不要重疊。畫第二次的時候，讓你的圓規腳張開一點，在各首府周圍畫出更大的圓圈。繼續做這個步驟，每次都把圓規腳張開一點。到最後，在你畫出的其中一次結果中，會有一個或多個圓圈相碰在一點。後續畫出的相碰圓愈變愈大，相碰的那點就會有長度，變成邊界。繼續反覆畫幾次後，每個單獨的圓都會變成一個多邊形——平面上有三邊或更多直邊的封閉圖形。每個多

邊形都是你的沃羅諾伊分割圖上的原胞。當然，你可以寫電腦程
式替你的國家畫出更精確的沃羅諾伊圖。網路上可以找到很多賞
心悅目的例子，但不要漠視一邊畫圖一邊了解這些圖的原理所帶
來的益處。

第3章

上午 8:00 過 n 分鐘後，黴菌孢子總數是 2^n 個。欲知黴菌孢子
總數的相關計算結果，請見下表。要算出上午 9:00 黴菌孢子總數
的相關百分比，可做如下的除法：

$$\frac{\text{上午 8:00 過 } n \text{ 分鐘後的黴菌孢子總數}}{\text{上午 9:00 時的黴菌孢子總數}}$$

時間	算出黴菌孢子總數的計算過程	黴菌孢子總數	上午9:00總數 1,150,000,000,000,000,000 的百分比
上午8:00	2^0	1	不到1%
8:01	2^1	2	不到1%
8:02	2^2	4	不到1%
8:03	2^3	8	不到1%
8:04	2^4	16	不到1%
8:30	2^{30}	≈ 1,000,000,000	不到1%
8:45	2^{45}	≈ 35,000,000,000,000	大約3%
8:59	2^{59}	≈ 58,000,000,000,000,000	大約50%
上午9:00	2^{60}	≈ 1,150,000,000,000,000,000	100%

第 4 章

A 候選者在多數決勝出。

B 候選者在兩輪決選中勝出。

C 候選者在循序兩輪決選中勝出。

D 候選者在波達計數表決中勝出。

勝選者由投票表決方式決定。

以下是候選者在各投票表決方式獲勝的理由。

多數制。 A 候選者的第一順位票數最多,因此贏得多數票。

兩輪決選制。 總共有 55 張選票,沒有一個候選者贏得多數票,因此投票進入兩輪決選。要判定誰在兩輪決選中勝出,就要注意看 A 候選者和 B 候選者獲得的第一順位票數最多。所以,要在 A、B 兩個候選者之間進行決選,但決選之前會先重新分配那些沒把 A 或 B 列在第一順位的人的選票。

- 排序為 (C, B, E, D, A) 的 10 個投票人給 B 候選者的順位高於 A,所以這 10 張選票會重新分配給 B。
- 排序為 (D, C, E, B, A) 的 9 個投票人給 B 候選者的順位也高於 A,所以這 9 張選票會重新分配給 B。
- 排序為 (E, B, D, C, A) 的 4 個投票人給 B 候選者的順位也高於 A,所以這 4 張選票會重新分配給 B。
- 排序為 (E, C, D, B, A) 的 2 個投票人給 B 候選者的順位也高於 A,所以這 2 張選票會重新分配給 B。

要注意，A 候選者在決選中沒有額外獲得任何選票，但 B 候選者額外獲得了 10＋9＋4＋2=25 票。

　　因此最後票數為：

- A候選者：原本的 18 票＋決選的 0 票＝總計 18 票。
- B候選者：原本的 12 票＋決選的 25 票＝總計 37 票。

　　因此，B 候選者在決選中勝出。

循序決選制

　　總共有 55 張選票，沒有一個候選者贏得多數票，因此投票進入第一輪決選。在第一輪循序決選中，第一順位的票數為：

候選者	第一順位的票數
A	18
B	12
C	10
D	9
E	4+2=6

　　由於 E 候選者獲得的選票最少，因此遭到淘汰。把 E 候選者排在第一順位的投票人，必須把他們對候選者的所有排序晉升一位，這樣一來，第二輪決選的選票就變成：

候選者	第一順位的票數
(A, D, C, B)	18
(B, D, C, A)	12
(C, B, D, A)	10
(D, C, B, A)	9
(B, D, C, A)	4
(C, D, B, A)	2

　　在第二輪中，A候選者獲得18票，B候選者獲得12+4=16票，C候選者獲得10+2=12票，D候選者獲得9票。由於沒有候選者獲得多數票，投票進入第三輪決選。在這一輪，得票最少的D候選者遭到淘汰，把D候選者排在第一順位的投票人，必須把他們對候選者的所有排序晉升一位，因此第三輪決選的選票是：

候選者排序 （第一、第二、第三順位）	所列排序的選票數
(A, C, B)	18
(B, C, A)	12
(C, B, A)	10
(C, B, A)	9
(B, C, A)	4
(C, B, A)	2

　　在第三輪中，A候選者獲得18票，B候選者獲得12+4=16票，

C候選者獲得10+9+2=21票。由於沒有候選者獲得多數票，投票進入第四輪決選。在這一輪，得票最少的B候選者遭到淘汰，把B候選者排在第一順位的投票人，必須把他們對候選者的所有排序晉升一位，所以第四輪決選的選票會是：

候選者排序 （第一、第二順位）	所列排序的選票數
(A, C)	18
(C, A)	12
(C, A)	10
(C, A)	9
(C, A)	4
(C, A)	2

在第四輪中，A候選者獲得18票，而C候選者獲得12+10+9+4+2=37票。因為C候選者獲得了多數票，所以在循序決選中勝出。

波達計數法

在波達計數法中，每個候選者都會取得某個分數，譬如選票上比自己順位低的候選者數。

- 有18張選票上的順位標示著(A, D, E, C, B)，有4個候選者排在A後面。

- 由於 A 候選者在標示 (A, D, E, C, B) 的 18 張選票上排在其他 4 個候選者的前面，而其他選票上沒有排在 A 後面的候選者，因此 A 取得 18×4=72 分。

- 由於 B 候選者在標記為 (B, E, D, C, A) 的 12 張選票上有 4 個候選者排在後面，在標記 (C, B, E, D, A) 的 10 票上有 3 個候選者排在後面，在標著 (D, C, E, B, A) 的 9 張選票上有 1 個候選者排在後面，標著 (E, B, D, C, A) 的 4 張選票上有 3 個候選者排在後面，標示 (E, C, D, B, A) 的 2 張選票上有 1 個候選者排在後面，所以 B 候選者取得 (4×12)+(3×10)+(1×9)+(3×4)+(1×2)=101 分。

- C 候選者得到 (1×18)+(1×12)+(4×10)+(3×9)+(1×4)+(3×2)=107 分。

- D 候選者得到 (3×18)+(2×12)+(1×10)+(4×9)+(2×4)+(2×2)=136 分。

- E 候選者得到 (2×18)+(3×12)+(2×10)+(2×9)+(4×4)+(4×2)=134 分。

所以，各候選者的波達計數得分結果是：

候選者	A	B	C	D	E
波達計數得分	72	101	107	136	134

因此，D 候選者在波達計數法中勝出。

第5章

當你划槳把水向後推時，水會在槳上施加大小相等、方向相反的力，推船前進。

反作用力

作用力

■ 第6章a

十進位數141等於二進位數10001101。

太大，　　1　　0　　0　　0　　1　　1　　0　　1
因為256 > 141

■ 第6章b

二進位數111100111等於十進位數487。

　　　　1　　1　　1　　1　　0　　0　　1　　1　　1

求解：　・把題目給的二進位數放在依序標出2的各次方的燈泡下方。
　　　　・把下方數字為0的燈泡變黑。
　　　　・把下方為1的燈泡裡的數字加起來：
　　　　　256+128+64+32+4+2+1=487

要回答這個問題,你必須找出每個第一位數字出現在整個資料集中的機會。舉例來說,以1開頭的數字在資料集考慮的78,304個推特帳號中,出現了25,892次,你就可以寫出一個分數來計算百分比:

$$\frac{25892}{78304} \approx 0.331 = 33.1\%$$

下表列出了其餘的百分比,以及根據班佛定律的預期百分比:

第一位數字	根據班佛定律的 預期百分比	給定資料集的 百分比(四捨五入)
1	30.1%	33.1%
2	17.6%	17.5%
3	12.5%	12.5%
4	9.7%	9.5%
5	7.9%	7.5%
6	6.7%	6.5%
7	5.8%	5%
8	5.1%	4.5%
9	4.6%	4%

由於預期百分比接近給定資料集的百分比,你可能會表示,推特追蹤者人數的前幾位數字正說明了班佛定律。

年	A組 族群數量	紀錄	B組 族群數量	紀錄
0	20	這20隻小鼠會在第2年年尾達到預期壽命。	22	這20隻小鼠會在第2年年尾達到預期壽命。
1	20+20=40	第0年的族群數量增加一倍。 這一年沒有小鼠達到預期壽命。 這一年出生的20隻小鼠會在第3年達到預期壽命。	22+22=44	第0年的族群數量增加一倍。 這一年沒有小鼠達到預期壽命。 這一年出生的22隻小鼠會在第3年達到預期壽命。
2	40+40=80 80-20=60	第1年的族群數量增加一倍。 第0年出生的20隻小鼠會達到預期壽命。 這一年出生的40隻小鼠會在第4年達到預期壽命。	44+44=88 88-22=66	第1年的族群數量增加一倍。 第0年出生的22隻小鼠將會達到預期壽命。 這一年出生的44隻小鼠會在第4年達到預期壽命。
3	60＋60=120 120-20=100	第2年的族群數量增加一倍。 第1年出生的20隻小鼠會在第1年達到預期壽命。 這一年出生的60隻小鼠會在第5年達到預期壽命。	66＋66=132 132-22=110	第2年的族群數量增加一倍。 第1年出生的22隻小鼠會達到預期壽命。 這一年出生的66隻小鼠會在第5年達到預期壽命。

年	A組 族群數量	紀錄	B組 族群數量	紀錄
4	100+100=200 200−40=160	第3年的族群數量增加一倍。 第2年出生的40隻小鼠會達到預期壽命。 這一年出生的100隻小鼠會在第6年達到預期壽命。	110+110=220 220−44=176	第3年的族群數量增加一倍。 第2年出生的44隻小鼠會達到預期壽命。 這一年出生的110隻小鼠會在第6年達到預期壽命。
5	160+160=320 320−60=260	第4年的族群數量增加一倍。 第3年出生的60隻小鼠會達到預期壽命。 這一年出生的160隻小鼠會在第7年達到預期壽命。	176+176=352 352−66=286	第4年的族群數量增加一倍。 第3年出生的66隻小鼠會達到預期壽命。 這一年出生的176隻小鼠會在第7年達到預期壽命。
6	260+260=520 520−100=420	第5年的族群數量增加一倍。 第4年出生的100隻小鼠會達到預期壽命。 這一年出生的260隻小鼠會在第8年達到預期壽命。	286+286=572 572−110=462	第5年的族群數量增加一倍。 第4年出生的110隻小鼠會達到預期壽命。 這一年出生的286隻小鼠會在第8年達到預期壽命。

年	A組 族群數量	紀錄	B組 族群數量	紀錄
7	420+420=840 840-160=680	第6年的族群數量增加一倍。 第5年出生的160隻小鼠會達到預期壽命。 這一年出生的420隻小鼠會在第9年達到預期壽命。	462+462=924 924-176=748	第6年的族群數量增加一倍。 第5年出生的176隻小鼠會達到預期壽命。 這一年出生的462隻小鼠會在第9年達到預期壽命。
8	680+680=1,360 1360-260=1,100	第7年的族群數量增加一倍。 第6年出生的260隻小鼠會達到預期壽命。 這一年出生的680隻小鼠會在第10年達到預期壽命。	748+748=1,496 1496-286=1,210	第7年的族群數量增加一倍。 第6年出生的286隻小鼠會達到預期壽命。 這一年出生的748隻小鼠會在第10年達到預期壽命。
9	1,100+1,100 =2,200 2,200-420= 1,780	第8年的族群數量增加一倍。 第7年出生的420隻小鼠會達到預期壽命。 這一年出生的1,100隻小鼠會在第11年達到預期壽命。	1,210+1,210 =2,420 2,420-462 =1,958	第8年的族群數量增加一倍。 第8年的族群數量增加一倍。 第7年出生的462隻小鼠會達到預期壽命。 這一年出生的1,210隻小鼠會在第11年達到預期壽命。

年	A組 族群數量	紀錄	B組 族群數量	紀錄
10	1,780 +1,780 =3,560 3,560-680 =2,880	第9年的族群數量增加一倍。 第8年出生的680隻小鼠會達到預期壽命。這一年出生的1,780隻小鼠會在第12年達到預期壽命。	1,958 + 1,958 =3,916 3,916-748 =3,168	第9年的族群數量增加一倍。 第8年出生的748隻小鼠會達到預期壽命。這一年出生的1,958隻小鼠會在第12年達到預期壽命。
第10年年尾的總數	A組最後有2,880隻小鼠		B組最後有3,168隻小鼠	

第9章

這種創造性思考練習沒有特定的答案。如果你在日常活動中花時間進行數學思考，持之以恆並樂在其中，那麼這個練習就成功了。

第10章

藍夕、皮爾、昂肯、道格拉斯和塞鎮之間的道路圖是連通的，這是找出你想找的路徑的必要準則。各頂點的邊數分別是：

- 藍夕：2個頂點
- 皮爾：4個頂點
- 昂肯：4個頂點
- 道格拉斯：4個頂點
- 塞鎮：4個頂點

由於這個圖是連通的，而且所有頂點的邊數都是偶數條，因此你可以確信這個圖有歐拉迴路。換言之，你找得到一條環島路線，會經過地圖上在藍夕、皮爾、昂肯、道格拉斯和塞鎮之間的所有道路，而且不會走回頭路。

■ 第11章a

這個結的交叉數是0，和平凡結等價。

■ 第11章b

這個結的交叉數是3，和三葉結等價。

■ 第12章a

有。

■ 第12章b

往北。

■ 第12章c

蒙特維多比拉合爾更靠近嘉伯隆里。

■ 第13章

雛菊有21條順時針螺線和34條逆時針螺線，兩數是相鄰的費波納契數。

加分題：

你買到的鳳梨上帶有的順時針與逆時針螺線數目，應該也是費波納契數。

21條順時針螺線   34條逆時針螺線   [24]

第14章

你可以用40英里或110英里提供的刻度尺替這張地圖做個大概的標尺。首先，判定用一個矩形算出的低估值和高估值會不會產生500平方英里以內的誤差範圍：

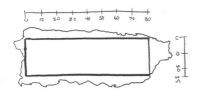

用一個矩形算出的低估值
80×25=2,000平方英里

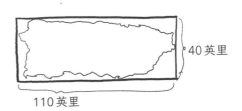

40英里

110英里

高估值：110×40=4,400平方英里

要算出高估值4,400平方英里和低估值2,000平方英里之間的中點，可把這兩個數字相加再除以2：$\frac{4400+2000}{2}$ =3200平方英里。也就是說，這次嘗試表示實際面積為：3,200±1,200平方英里。換言之，這次嘗試把波多黎各的面積計算到誤差在1,200平方英里以內，而不是500平方英里。

　　在第二次嘗試時，你大概會用更多矩形來縮小這個誤差範圍。比方說，你也許會嘗試10英里寬的矩形。

低估值

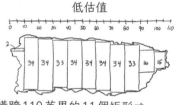

高估值

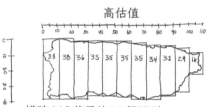

橫跨110英里的11個矩形⇨
這張圖中任何一個矩形的寬度為
10英里

橫跨110英里的11個矩形⇨
這張圖中任何一個矩形的寬度為
10英里

每個矩形高度不一。
每個矩形內的數字是依據所給刻度
估計出來的高度。

每個矩形高度不一。
每個矩形內的數字是依據所給刻度
估計出來的高度。

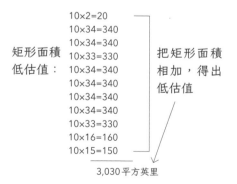

矩形面積
低估值：

10×2=20
10×34=340
10×34=340
10×33=330
10×34=340
10×34=340
10×34=340
10×34=340
10×33=330
10×16=160
10×15=150

把矩形面積
相加，得出
低估值

3,030平方英里

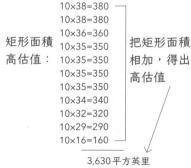

矩形面積
高估值：

10×38=380
10×38=380
10×36=360
10×35=350
10×35=350
10×35=350
10×35=350
10×34=340
10×32=320
10×29=290
10×16=160

把矩形面積
相加，得出
高估值

3,630平方英里

要算出高估值3,630平方英里和低估值3,030平方英里之間的中間值，可把這兩個數字相加再除以2：$\frac{3,630+3,030}{2}$ =3,330平方英里。換句話說，這次嘗試表示實際面積為：3,330±300平方英里，亦即誤差不到300平方英里。這個誤差範圍小於500平方英里，這樣你就做完了。

■ 第15章

這裡的訣竅是，要認出（在歐氏幾何或球上的非歐幾何中）四邊形由兩個三角形組成，五邊形由三個三角形組成，六邊形由四個三角形組成。在歐氏幾何中，每次替三角形多加一條邊，就會替它的內角和多加180度。

三角形   四邊形   五邊形   六邊形
由2個三角形   由3個三角形   由4個三角形
組成   組成   組成

而在非歐幾何中，每次替三角形多加一條邊，就會替它的內角和多加超過180度。因此，在球面上的非歐幾何中，四邊形、五邊形與六邊形的內角和分別是「超過360°」、「超過540°」和「超過720°」。

■ 第16章

世界上有195個國家，每個國家大概都有一位領袖。沒有人能活到150歲。想像一下一系列150扇門（「鴿籠」），每扇門都代表一個世界領袖的可能年齡。然後想像每個世界領袖進入與他或她的年齡相對應的門。由於世界領袖的人數比門的數量多，因此至少有一扇門可以容納兩位世界領袖。這兩位世界領袖將是同齡人。

■ 第17章

下圖說明了三個、四個、五個、六個、七個、八個和九個圓在正方形內的最佳裝填 [57]。

虛線表示圓心的相對位置。虛線三角形是等邊三角形（三個角也相等）。虛線正方形確實是正方形。直角有標示出來。沒畫出圓心的圓在所分配到的空間內有多種擺放選擇。

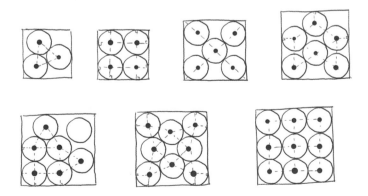

第18章 a

為了追上壞蛋一號，詹姆士龐德可能設法減少了空氣阻力作用在他身上的拉力。也就是說，他可能採取了「跳水」姿勢，將雙臂併攏，雙腿也併攏，就像跳進游池一樣，而不是手腳伸展開來呈X形的傳統跳傘姿勢。接著，他可能向下「俯衝」追上壞蛋一號（這個壞蛋大概是呈X形的傳統跳傘姿勢）。

第18章 b

007拉開降落傘，避開壞蛋二號的鋼牙時，他速度慢下來了，但沒有往上飛。在電影中，攝影機的視角仍固定在落下且已達到終端速度的壞蛋二號身上。007拉開降落傘時，他的速度變慢了，這就讓他看起來好像往上飛出鏡頭，因為鏡頭對著以終端速度墜落的壞蛋二號。

第19章

要注意，答案可能會因各地水果種類而異。以下是針對我所在地區的水果的答案：

球體：我無法指出始終是完美球體的水果。
扁球體：某些南瓜、橘子。
長球體：某些南瓜、葡萄、西瓜、哈密瓜、百香果。

以上皆非：西洋梨、香蕉、草莓、酪梨。

第20章

在這一章你遇到了以下兩種四面體，證明了兩個等底、等高的四面體不一定等體積：

1號四面體的坐標：$(0, 0, 0)$、$(1, 0, 0)$、$(0, 1, 0)$、$(0, 0, 1)$
2號四面體的坐標：$(0, 0, 0)$、$(1, 0, 0)$、$(0, 1, 0)$、$(0, 1, 1)$

這個例子是在示範，還有無限多組四面體符合所要求的條件。舉例來說，下面也是一組等底、等高但體積不相等的四面體：

1號四面體的坐標：$(0, 0, 0)$、$(2, 0, 0)$、$(0, 2, 0)$、$(0, 0, 2)$
2號四面體的坐標：$(0, 0, 0)$、$(2, 0, 0)$、$(0, 2, 0)$、$(0, 2, 2)$

第21章

小於 1,000 的質數位數質數：2, 3, 5, 7, 23, 37, 53, 73, 223, 227, 233, 257, 271, 277, 307, 337, 353, 373, 503, 521, 523,

557, 577, 727, 733, 757, 773。

小於1,000的循環質數：2, 3, 7, 11, 13, 17, 37, 79, 113, 197, 199, 337。

小於1,000的迴文質數：2, 3, 5, 7, 11, 101, 131, 151, 181, 191, 313, 353, 373, 383, 727, 757, 797, 919, 929。

小於1,000的四方質數：11, 101, 181。

第22章

題目中的牛可以拉長成甜甜圈。有狀似甜甜圈的洞存在，代表給定的牛在拓樸學上與球不等價。因此，毛球定理不適用。多做一點研究就會發現，你可以梳理一個毛茸茸的甜甜圈，所以題目中的牛不會有亂翹的毛髮。

第23章

科拉茲猜想還沒有證明是對還是錯。（如果你找到了證明或反例，請聯繫貴國最大的數學學會，如美國的美國數學學會。）儘管如此，考慮科拉茲猜想的目的不限於證明它是對還是錯。你在考慮科拉茲猜想的概念時，有沒有發現數的其他性質？如果有，請陳述你的相關猜想，然後提供一個論證來證明它。

■　第 24 章 a

這種壁紙在水平平移、垂直平移或對角線平移下是自相似的。這種壁紙也呈現出對某一點平移 180° 的自相似性，這個點位於其中一根看起來像橫寫「S」的藤蔓的中心。

■　第 24 章 b

這種壁紙在水平平移、垂直平移或對角線平移下是自相似的。這種壁紙也可以呈現在貫穿一行小圓圈的隱形垂直線兩側的鏡射對稱性。

■　第 24 章 c

這種壁紙在繞著圖案其中一個星狀圖形的中心點旋轉時是自相似的。由於一個圓有 360°，而星狀圖形有六個點，所以這個自相似旋轉應該是 360°÷6=60° 的倍數。換句話說，這種壁紙在繞著圖案其中一個星狀圖形中心點旋轉 60°、120°、180°、240° 或 360° 時是自相似的。

■　第 24 章 d

這種壁紙在繞著圖樣中心一點旋轉 90°、180° 或 270° 時是自相似的。

第25章

令 x=99.999...。如果把等號兩邊同除以100,等式仍成立。所以:

$$\frac{x}{100} = \frac{99.999...}{100} = 0.999...$$

如果用原式 x=99.999... 減去這個新等式 $\frac{x}{100}$ =0.999..., 會得到:

$$x - \frac{x}{100} = 99.999... - 0.999...$$

如果把前面這個等式的兩邊算出來,會得到:

$$\frac{99}{100} x = 99$$

如果把等號兩邊同乘以100,等式仍成立。所以:

$$99x = 9,900$$

如果把等號兩邊同除以99,等式仍成立。所以:

$$x = 100$$

但你從一開始就知道 $x=99.999...$，因此 $99.999...=100$。

■ 第26章

距離和不相等。考慮下面這個誇張的例子，所畫的三角形又高又窄。在其中一個三角形中，靠近頂端的地方放一個點，而在同一個三角形的另一張圖中，靠近底邊的地方放一個點。接著，在每個三角形中，畫出各點到三角形各邊的三條垂線。最後，在兩個三角形中量出三條垂線段的距離和。如下圖所示，只要一個反例就能斷言，這個陳述不能推廣到所有的非等邊三角形。

■ 第27章

沿著中間線把圓環剪開，會得到兩個圓環，各有兩條邊和兩

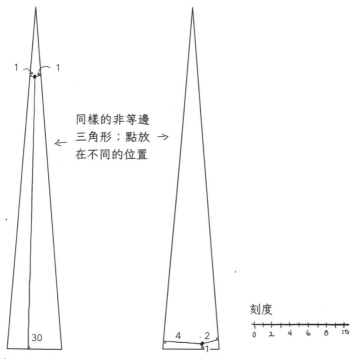

同樣的非等邊
← 三角形；點放 →
在不同的位置

刻度

0 2 4 6 8 10

3條垂線段的距離和：
三角形內的點放在靠近頂端處

3條垂線段的距離和：
三角形內的點放在靠近底邊處

30+1+1=32   不相等   1+4+2=7

個面。

把莫比烏斯帶從中間剪開，會得到一個有兩條邊和兩個面的東西。要注意，產生的東西既不是圓環，也不是莫比烏斯帶，它

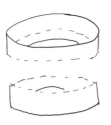

依指示剪開你製作的圓環，會得到兩個圓環（雖然變瘦長了）。

會有兩個扭轉，而不是一個扭轉（如莫比烏斯帶）或完全沒有（如圓環）。

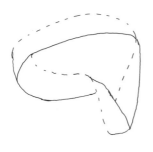

依指示剪開你製作的莫比烏斯帶，會得到一個（變瘦長的）帶有兩個（而非0或1個）扭轉的物件。

■ 第28章

對，非質數有無窮多個。證明這件事的方法很多，譬如考慮大於5的無窮多個五的倍數：

$$\{10, 15, 20, 25, 30, 35, 40, 45, 50, 55, \cdots\}$$

這是個無窮集合,集合中的每一個數都不是質數,因為都有5這個真因數。因此非質數有無窮多個。

第29章

你可以把這些資訊整理成一張表,如下所示:

蘇聯

	不動用核武	動用核武
美國 不動用核武	贏 / 贏	贏 / 輸
動用核武	輸 / 贏	輸 / 輸

當兩國不合作時。 如果其中一國動用核武,該國就會贏得這一回合。然而,該國倘若動用核武,就可確定對方會在下一回合對他們動用核武,導致他們輸掉下一回合。局勢將會升溫,直到

兩國都輸多個回合。由於雙方可能只輸掉有限個回合，因此都將保證部分毀滅（最好的情況）或完全毀滅（最壞的情況）。

當兩國合作時。兩國同意不會率先動用核武，這樣他們就不會展開一連串讓局勢升溫的回合，使彼此部分或完全毀滅。雙方合作時，任何一方都不動用核武，就會雙贏。

▎第30章

這個問題中的第一條曲線是單純閉曲線，所以約當曲線定理適用。鴨子在曲線外，因為把鴨子和明顯在曲線外的點相連起來的直線與曲線相交了偶數次。要注意，偶數可能會因所畫直線的位置而異，譬如某條線可能相交2次，而另一條線會相交14次。

第二條曲線是閉曲線，但不是單純曲線，因為它與自身相交。約當曲線定理只適用於單純閉曲線，因此在這條曲線上不適用。

■ **第31章**

　　給定一個黃金三角形（無論大小），你只要把給定黃金三角形的其中一個72°角平分，就可以找到新的（較小的）黃金三角形。每次用這種方式作出新的黃金三角形，你都可以重複找出新的（較小的）黃金三角形的過程。如果要找出螺線，就從最大的那個黃金三角形的頂點開始，畫一條弧線連到你作了角平分線，產生小黃金三角形的那個角。對隨後愈來愈小的每個黃金三角形，用同樣的方法反覆畫出弧線。

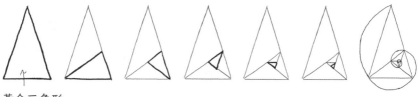

黃金三角形

■ **第32章**

　　這個數字和會無止境地愈變愈大。要注意，數列中的每一項都大於或等於$\frac{1}{2}$，因此：

$$\frac{1}{2} + \frac{2}{3} + \frac{3}{4} + \frac{4}{5} + \frac{5}{6} + \frac{6}{7} + ... > \frac{1}{2} + \frac{1}{2} + \frac{1}{2} + \frac{1}{2} + \frac{1}{2} + \frac{1}{2}$$

$$= (\frac{1}{2} + \frac{1}{2}) + (\frac{1}{2} + \frac{1}{2}) + (\frac{1}{2} + \frac{1}{2}) + \cdots$$

$$= 1 + 1 + 1 \cdots$$

第 33 章

正方體的對偶是八面體，如下圖所示：

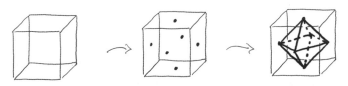

從正方體開始。　　在每個正方形面的　　把這些圓點連起來。
　　　　　　　　　中心畫個圓點。（不
　　　　　　　　　妨實際拿一個正方
　　　　　　　　　盒來做做看。）

另外，八面體的對偶是正方體，十二面體和二十面體互為對偶。如前面提過的，四面體和自己對偶。因此，每個柏拉圖立體都有對偶，這些對偶也都是柏拉圖立體。

第 34 章 a

要回答這個問題，可判定檢查號（第13碼）是不是對的。首先算出：

$$9+3(7)+8+3(0)+2+3(9)+8+3(8)+4+3(3)+5+3(9)$$
$$=9+21+8+0+2+27+8+24+4+9+5+27$$
$$=144$$

接著，把 144 除以 10，然後把答案表示成一個整數加上餘數：

$$\frac{144}{10} = 14 \text{ 餘 } 4$$

現在用 10 減去餘數：

10－4＝6

算出的 6 應該就是 ISBN 的檢查號（第 13 碼）。然而，該讀者所寫的 ISBN 的第 13 碼是 7，不是 6，因此書店可以斷定讀者把 ISBN 寫錯了。

■ 第 34 章 b

要回答這個問題，可判定檢查號（第13碼）是不是對的。首先算出：

9+3(7)+8+3(0)+0+3(9)+8+3(8)+4+3(3)+6+3(9)
=9+21+8+0+0+27+8+24+4+9+6+27
=143

現在把 143 除以 10，並把答案表示成一個整數加上餘數：

$$\frac{143}{10} = 14 \text{ 餘 } 3$$

接著，用 10 減去餘數：

$10 - 3 = 7$

　　算出的 7 應該就是 ISBN 的檢查號（第 13 碼），和讀者所寫的一樣。因此書店不會發現讀者寫錯了 ISBN。這個例子正說明，即使 ISBN 是一種錯誤檢測碼，也不會檢測到所有的錯誤。這個例子裡的兩個小錯誤，剛好互相抵消了；也就是說，在計算檢查號的算式中，那兩碼的乘數都不是 3，另外，第 5 碼的錯誤出在比正確的數字少 1，而第 11 碼的錯誤出在比正確的數字多 1，因此計算檢查號的算式相加起來等於 143，和 ISBN 正確無誤時一樣。ISBN 碼非常擅長抓錯，但也有一些錯誤抓不到。

第 34 章 c
　　問題 34a 中的例子，說明 ISBN 碼字是一種錯誤檢測碼。問題 34b 中的例子，說明 ISBN 碼字無法檢測到所有的錯誤。

第 34 章 d
　　ISBN 碼不是錯誤更正碼，換言之，如果有一個或多個數字弄錯了，沒有任何指令可用來找回原始（正確）的 ISBN。

第35章

你可能會畫個稍微不一樣的圖——這次用數字,而不是圓點。這張圖中的基本特色,是箭頭把總和相等的一組數字配對。

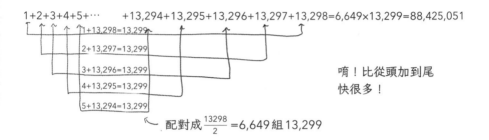

$$1+2+3+4+5+\cdots \quad +13{,}294+13{,}295+13{,}296+13{,}297+13{,}298=6{,}649\times 13{,}299=88{,}425{,}051$$

1+13,298=13,299

2+13,297=13,299

3+13,296=13,299

4+13,295=13,299

5+13,294=13,299

唷!比從頭加到尾快很多!

配對成 $\frac{13298}{2}$ =6,649 組 13,299

根據你所畫的圖,你可以把高斯的方法推廣到算出前 n 個自然數之和的公式:

$$1+2+3+\ldots+n=\frac{1}{2}\,n(n+1)$$

第36章

首先,如果你還不知道方法的話,就必須指定一種衡量污水的方法。濁度(turbidity)是提供水因懸浮顆粒(如泥土)變渾濁程度的指標,以濁度單位(NTU)來表示。世界衛生組織(WHO)已經定出5 NTU為飲用水的最大濁度。如果你希望你的洗衣機在水質可安全飲用時才停止洗衣服,可利用以下的連續函數把洗衣機設計模糊化:

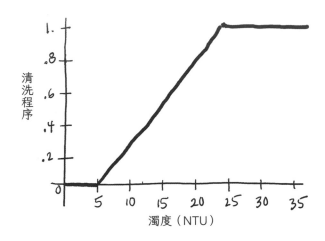

換句話說,你可以根據以下的模糊控制系統,替你的洗衣機設計出洗衣、洗清、在清洗程序結束時檢查水質濁度的程式:

- 當水質濁度在洗衣與洗清程序結束時達到25 NTU或更高,洗衣機應該再進行一次完整的洗衣與洗清程序。
- 當水質濁度介於5 NTU到25 NTU之間,洗衣機應該進行如圖所示的部分洗衣與洗清程序(以時間計)。
- 水質濁度低於5 NTU時,洗衣機應該停止,因為衣服洗乾淨了。

第37章

大海有邊界,但也有陸塊,充當它所占區域中的「洞」。因

此，布羅威爾定點定理在魚「攪動」海水的情形下不適用。魚游泳之後，海中可能有固定點，也可能沒有。

第38章

你可以把題目提供的資訊整理成如下的圖表：

	死於攝護腺癌的男性 （占男性總人口的3%）	非死於攝護腺癌的男性 （占男性總人口的97%）
PSA值升高	80%	75%
PSA值正常	20%	25%

你可能會想到特定一群男性，譬如1,000名男性，圖表會像這樣：

	死於攝護腺癌的男性 （30人）	非死於攝護腺癌的男性 （970人）
PSA值升高	24人	727.5人
PSA值正常	6人	242.5人

上圖中標示「PSA值升高」的橫排，代表一位假想中的男性。這一列包含24位預期會死於攝護腺癌的男性，和727.5位不會死於攝護腺癌的男性（儘管檢查出來PSA值升高了）。為了判斷這位假想中的男性目前的罹癌風險，可以問：在所有檢查結果呈陽性的男

性當中，有多少人實際上死於攝護腺癌？用這兩個數字寫出一個分數：

$$\frac{檢查指數升高且會死於攝護腺癌的男性人數}{檢查指數升高的男性人數}$$

現在把數值填進去：

$$\frac{24}{24+727.5} = \frac{24}{751.5} = 3.2\%$$

根據PSA值升高的檢查結果，這位男性死於攝護腺癌的可能性從3% 提高到3.2%。

■ 第39章

這個問題有很多答案。你所選出的兩個數的虛部，應該有相等的數值，但正負號相反。以下是一些可能的答案：

$$(2+3i)+(4-3i)=6+0i=6$$
$$(-7+8i)+(7-8i)=0+0i=0$$

「你的例子讓你怎麼看待人生？」這個問題，並沒有正確的答案。就我而言，我樂於知道，兩個虛構的概念可以結合成一個實際存在的概念。或許這就為我提供了實現夢想的象徵或訣竅？

■ **第40章**

你可能會設計很多種有偏隨機漫步的規則，讓你抵達花園的可能性提高。以下是一個例子：

- 如果硬幣擲出反面，**向左走一步**。
- 如果硬幣擲出正面，**就向右走兩步**。

視實際需要多擲幾次硬幣，直到你抵達怪物的巢穴或漂亮的花園為止。

■ **第41章**

愛因斯坦的質能互換方程式以焦耳為單位，因此把10億MMBtu換算成焦耳會很有幫助。在做這個換算之前，你還必須先把10億MMBtu換算成Btu，即：

10億MMBtu=1,000,000,000 MMBtu
$$= (1,000,000,000) \times (1,000,000) \text{ Btu}$$
$$= 1,000,000,000,000,000 \text{ Btu}$$
$$= 1\text{千兆Btu}$$

紐約市的能源消耗量

因為 1 Btu = 1.06焦耳，紐約市的總能源消耗量就是：1.06千兆焦耳

所以，紐約市消耗了1.06千兆焦耳的總能源。

現在假設這本書的重量大約是一磅（0.452公斤）。它帶有多少能量？首先，計算出它的質量，然後把質量代入愛因斯坦的方程式。

一磅重的書的質量：$\dfrac{1磅}{2.21公斤} \approx 0.452$公斤

因此，一磅重的書的能量就是：

$E=mc^2$

$=[(0.452)\times(299,792,458)^2]$焦耳

$=[(0.452)\times(89,875,517,870,000,000)]$焦耳

$=40,623,734,080,000,000$焦耳

≈ 41千兆焦耳

因此，這本書帶有41千兆焦耳的能量。由於1.06千兆＜41千兆，這本書儲存的能量超過了紐約市7月份的能源消耗量。

得知一本書（包括你手中的這本書）帶有這麼多的能量，可能會令你感到驚訝。愛因斯坦也很吃驚，吃驚到甚至寫信給小羅斯福總統，提醒他德國可能在研發原子彈，單一個原子分裂就可產生難以想像的威力。一本書有很多很多原子，倘若一本書裡的所有原子都以像原子彈那樣的方式分裂，這股威力的毀滅性會超乎想像。紐約市單單一個月就消耗掉大量的能源，但遠遠不及多顆原子彈的能量。

第42章

傳統井字遊戲棋盤上的所有獲勝連線，也是在克萊因瓶井字遊戲棋盤上的獲勝連線。在克萊因瓶井字遊戲棋盤上，沒有新產生的縱向獲勝連線，但有新的橫向與斜向獲勝連線，包括以下這些：

圖例：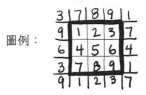

新的橫向獲勝連線：

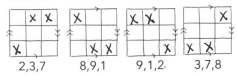

2,3,7　　8,9,1　　9,1,2　　3,7,8

新的斜向獲勝連線：

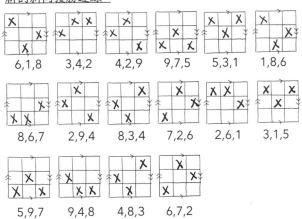

6,1,8　　3,4,2　　4,2,9　　9,7,5　　5,3,1　　1,8,6

8,6,7　　2,9,4　　8,3,4　　7,2,6　　2,6,1　　3,1,5

5,9,7　　9,4,8　　4,8,3　　6,7,2

第43章

會，不論你把原正方體的複本拉往哪個方向，都會得到八個
正方體，當作你的超立方體的八個面。

原來的正方體還在。

拉動過的正方體
複本也在。

從原正方體的正
面形成了新的正
方體。

從原正方體的右
面形成了新的正
方體。

從原正方體的背面
形成了新的正方體。

從原正方體的左
面形成了新的正
方體。

從原正方體的底
面形成了新的正
方體。

從原正方體的頂
面形成了新的正
方體。

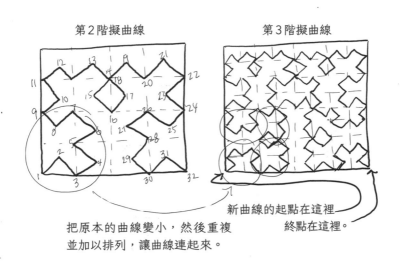

第2階擬曲線　　　　　　　　　第3階擬曲線

把原本的曲線變小，然後重複
並加以排列，讓曲線連起來。

新曲線的起點在這裡
終點在這裡。

要回答這個問題,你必須先判定需要多少個佘賓斯基三角形,才能作出更大的自相似佘賓斯基三角形:

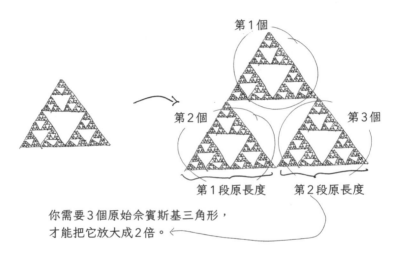

第1個

第2個　　第3個

第1段原長度　第2段原長度

你需要3個原始佘賓斯基三角形,
才能把它放大成2倍。

你需要三個原始佘賓斯基三角形,才能把它放大成兩倍。你在前面的例子中已經發現:

S^d＝製作更大的自相似物件所需的份數,其中S是比例因數,d是該物件的未知維度(可以是你熟悉的物件,如盒子,也可以是古怪的物件,如科赫曲線)。在佘賓斯基三角形的例子中,比例因數為2,而作出更大的自相似佘賓斯基三角形所需的個數為3。因此,你必須解出下面這個方程式:

$2^n=3$

有一種方法可以解這個方程式(用到一種叫做對數的東西),但

因為題目只要求你找近似值，所以不必用這種方法。有可能 $n=1$ 嗎？不可能，因為 $2^1=2$，比 3 小。有可能 $n=2$ 嗎？不可能，因為 $2^2=4$，超過 3 了。所以 n 一定在 1 到 2 之間。以下是幾個可考慮的選項：

若n是……	則2ⁿ是：
1.1	2.14...
1.2	2.29...
1.3	2.46...
1.4	2.63...
1.5	2.82...
1.6	3.03...

啊哈！看看 1.6 的那一行。當 $n=1.6$，你知道 $2^n=3.03$，這是很接近的近似值！因此，佘賓斯基三角形的近似分數維是 1.6。

第46章

自然數（正整數）集合的大小，和包含了自然數與負整數的無窮集合一樣大，因為這兩個集合之間有一對一對應存在。以下是一個例子：

自然數→正、負自然數

$$1 \rightarrow -1$$
$$2 \rightarrow 1$$
$$3 \rightarrow -2$$
$$4 \rightarrow 2$$
$$5 \rightarrow -3$$
$$6 \rightarrow 3$$
$$7 \rightarrow -4$$
$$8 \rightarrow 4$$
$$\vdots$$

也就是把自然數 1 對應到 -1，而在一般情形下，則把大於 1 的偶數 n 對應到 $\frac{n}{2}$，大於 1 的奇數 n 對應到 $-\frac{n+1}{2}$。透過這種配對方式，你可以把每個自然數和一個正或負的自然數配對，而且兩個集合中都沒有落單的。

參考資料

[1] S. J. Gould, *Ever Since Darwin: Reflections on Natural History*, New York:
W. W. Norton and Company, 1977.

[2] Guinness World Records, "Britney Gallivan: How Many Times Can YOU
Fold a Piece of Paper?—Meet the Record Breakers," November 26,
2018. Available at: https://www.youtube.com/watch?v=AfPDvhKvaa0.
Accessed February 21, 2019.

[3] G. Korpal, "Say Crease! Folding Paper in Half Miles Please," Fermat's
Library, November 2015. Available at: https://fermatslibrary.com/s/
folding-paper-in-half. Accessed February 2019.

[4] Guinness World Records, "Guinness World Records: Most Times to Fold
a Piece of Paper," Guinness World Recrods, 2019. Available at: http://
www.guinnessworldrecords.com/world-records/494571-most-times-to-
folda-piece-of-paper. Accessed 18 February 2019.

[5] M. Simonson, "Mathematical Democracy: Mission Impossible? Maybe
not ... ," American Mathematical Society, November 21, 2016. Available
at: https://blogs.ams.org/mathgradblog/2016/11/21/mathematical-
democracymission-impossible-not/. Accessed 2 May 2019.

[6] D. Austin, B. Casselman, J. Malkvitch, and T. Phillips, "Voting and
Elections: Election Decision Methods," American Mathematical Society,

Available at: http://www.ams.org/publicoutreach/feature-column/
fcarc-voting-decision. Accessed 2 May 2019.

[7] J. F. Kennedy, "John F. Kennedy Moon Speech—Rice Stadium,"
September 12, 1962. Available at: https://er.jsc.nasa.gov/seh/ricetalk.
htm. Accessed 12 June 2019.

[8] N. M. P. a. A. Division, *Director, Apollo Atmospheric Entry Phase*. Film.
USA: National Aeronautics and Space Administration, 1968.

[9] M. L. Shetterly, *Hidden Figures: The American Dream and the Untold Story
of the Black Women Mathematicians Who Helped Win the Space Race*, New
York: William Morrow, 2016.

[10] B. Obama, "Remarks by the President at Medal of Freedom Ceremony,"
White House Office of the Press Secretary, November 24, 2015.
Available at: https://obamawhitehouse.archives.gov/the-press-
office/2015/11/24/remarks-president-medal-freedom-ceremony.
Accessed 5 June 2019.OUP CORRECTED PROOF – FINAL,
30/01/20, SPi 340 Bibliography

[11] NASA, "Katherine Johnson: The Girl Who Loved to Count," National
Aeronautics and Space Administration, November 24, 2015. Available at:
https://www.nasa.gov/feature/katherine-johnson-the-girl-wholoved-
to-count. Accessed 5 June 2019.

[12] B. Rauch, M. Göttsche, and G. E. S. Brähler, "Fact and Fiction in EU-
Governmental Economic Data," *German Economic Review*, vol. 12, no. 3,
pp. 243–55, 2011.

[13] T. Taylor, "Benford's Law: a Useful, But Imperfect, Fraud-catcher,"
Globe and Mail, December 22, 2010. Available at: https://www.
theglobeandmail.com/report-on-business/rob-magazine/benfords-law-

a-useful-butimperfect-fraud-catcher/article560409/. Accessed April 26, 2019.

[14] J. Golbeck, "Benford's Law Applies to Online Social Networks," PLoS One, August 26, 2015. Available at: https://journals.plos.org/plosone/article/file?id=10.1371/journal.pone.0135169&type=printable. AccessedJune 14, 2019.

[15] I. Stewart, *Significant Figures: The Lives and Work of Great Mathematicians*, New York: Basic Books, 2017.

[16] B. Hopkins and R. Wilson, "The Truth About Konigsberg," *College Mathematics Journal*, vol. 35, pp. 198–207, 2004.

[17] C. Adams, *The Knot Book: An Elementary Introduction to the Mathematical Theory of Knots,* Providence: American Mathematical Society, 2004.

[18] K. Murasugi, *Knot Theory and Its Applications*, Boston: Birkhauser, 1996.

[19] d. w. b. R. Alvesgaspar, "FibonacciChamomile.PNG liscensed under the Creative Commons Attribution 2.5 Generic license (https://creativecommons.org/licenses/by/2.5/deed.en), converted to greyscale from original," April 28, 2011. Available at: https://commons.wikimedia.org/wiki/File:FibonacciChamomile.PNG. Accessed June 11, 2019.

[20] K. Helmut Haß, "File:Goldener Schnitt Bluetenstand Sonnenblume. jpg licensed under Creative Commons Attribution ShareAlike 3.0 Unported (CC BY-SA 3.0) (https://creativecommons.org/licenses/by-sa/3.0/deed.en) converted to greyscale," July 5, 2004. Available at: https://commons.wikimedia.org/wiki/File:Goldener_Schnitt_ Bluetenstand_ Sonnenblume.jpg. Accessed 11 June 2019.

[21] Marazols, "File:Cactus in Helsinki Winter Garden spirals 8.jpg licensed under the Creative Commons Attribution 2.5 Generic license (https://

creativecommons.org/licenses/by/2.5/deed.en), converted to greyscale from original," August 8, 2009. Available at: https://commons. wikimedia.org/wiki/File:Cactus_in_Helsinki_Winter_Garden_spirals_8. jpg. Accessed June 11, 2019. OUP CORRECTED PROOF – FINAL, 30/01/20, SPi Bibliography 341

[22] Marazols, "File:Cactus in Helsinki Winter Garden spirals 13.jpg, licensed under the Creative Commons Attribution 2.5 Generic License Unported (CC BY-SA 3.0) (https://creativecommons.org/licenses/by-sa/3.0/deed.en) converted to greyscale from the original," August 8, 2009. Available at: https://commons.wikimedia.org/wiki/File:Cactus_in_Helsinki_Winter_Garden_spirals_13.jpg. Accessed June 11, 2019.

[23] J.-L. W, "File:Phyllotaxie.jpg—Une pomme de pin dont les spirales montrent le mécanisme de la phyllotaxie—licensed under the Creative Commons Attribution-Share Alike 3.0 Unported converted to grayscale from the original," May 4, 2008. Available at: https://commons. wikimedia.org/wiki/File:Phyllotaxie.jpg. Accessed June 14, 2019.

[24] K. Blansey, "Pexels (All photos on Pexels can be used for free.), licensed by Pexels (https://www.pexels.com/photo-license/) and converted to greyscale from the original and altered to note and count Fibonacci spirals," Available at: https://www.pexels.com/photo/daisy-fibonacciflower-macro-1156467/. Accessed June 11, 2019.

[25] D. Quenqua, "The Moon Is (Slightly) Flat, Scientists Say," *New York Times*, July 30, 2014. Available at: https://www.nytimes. com/2014/07/31/science/space/the-moon-is-slightly-flat-scientists-say. html. Accessed May 25, 2019.

[26] K. Wu, "Saturn's Innermost Moons Are Red Ravioli, Thanks to Its

Rings," NOVA, March 28, 2019. Available at: https://www.pbs.org/
wgbh/nova/article/saturn-rings-moons/. Accessed May 25, 2019.

[27] D. Overbye, "Universe as Doughnut: New Data, New Debate," New
York Times, March 11, 2003. Available at: https://www.nytimes.
com/2003/03/11/science/universe-as-doughnut-new-data-new-debate.
html. Accessed March 8, 2019.

[28] D. Hilbert, "Mathematical Problems," *Bulletin of the American
Mathematical Society*, vol. 37, no. 4, pp. 407–36, 2000.

[29] J. Kennedy, "Can the Continuum Hypothesis Be Solved?" Institute for
Advanced Study, 2011. Available at: https://www.ias.edu/ideas/2011/
kennedy-continuum-hypothesis. Accessed March 29, 2019.

[30] P. Cohen and K. Gödel, "The Independence of the Continuum
Hypothesis," *Proceedings of the National Academy of Sciences of the United
States of America*, vol. 50, no. 6, pp. 1143–8, 1963.

[31] C. Clawson, *Mathematical Mysteries : The Beauty and Magic of Numbers*,
New York: Springer Science + Business Media, 1999.

[32] P. Honner, "Where Proof, Evidence and Imagination Intersect," *Quanta*,
March 14, 2019. Available at: https://www.quantamagazine.org/OUP
CORRECTED PROOF – FINAL, 30/01/20, SPi 342 Bibliography
where-proof-evidence-and-imagination-intersect-in-math-20190314/.
Accessed March 23, 2019.

[33] A. Wilkinson, "The Pursuit of Beauty: Yitang Zhang Solves a Pure-
math Mystery," *New Yorker*, February 2, 2015. Available at: https://www.
newyorker.com/magazine/2015/02/02/pursuit-beauty. Accessed March
23, 2019.

[34] E. Klarreich, "Unheralded Mathematician Bridges the Prime Gap,"

Quanta, May 19, 2013. Available at: https://www.quantamagazine.org/yitang-zhang-proves-landmark-theorem-in-,distribution-of-primenumbers-20130519/. Accessed March 23, 2019.

[35] S. Singh, *Fermat's Enigma: The Epic Quest to Solve the World's Greatest Mathematical Problem*, New York: Anchor Books, 1997.

[36] A. Jha, "Dan Shechtman: 'Linus Pauling said I was talking nonsense', " *The Guardian*, January 5, 2013. Available at: https://www.theguardian.com/science/2013/jan/06/dan-shechtman-nobel-prize-chemistry-interview. Accessed May 1, 2019.

[37] Abcxwz, "File:Kite&Dart-tiling.gif released to the public domain," July 31, 2009. Available at: https://commons.wikimedia.org/wiki/File:Kite%26Dart-tiling.gif. Accessed June 11, 2019.

[38] M. Rose, "Is the 'Penrose Pattern' Used in Kleenex's Toilet Paper?" *Wall Street Journal*, April 14, 1997. Available at: https://www.wsj.com/articles/SB860978392483692000. Accessed May 1, 2019.

[39] M. Rajesh, "Floral Pattern Background 658 licensed under the Creative Commons CC0 1.0 Universal (CC0 1.0) Public Domain Dedication,"Available at: https://creativecommons.org/publicdomain/zero/1.0/. Accessed June 11, 2019.

[40] K. Arnold, "Japanese Wave Pattern Background licensed under Creative Commons CC0 1.0 Universal (CC0 1.0) Public Domain Dedication," Available at: https://www.publicdomainpictures.net/en/view-image.php?image=50976&picture=japanese-wave-pattern-background. Accessed June 11, 2019.

[41] K. Arnold, "Stars Abstract Wallpaper Pattern licensed under Creative Commons CC0 1.0 Universal (CC0 1.0) Public Domain

Dedication,"Available at: https://www.publicdomainpictures.net/en/ view-image.php?image=154672&picture=stars-abstract-wallpaper-pattern. Accessed June 11, 2019.

[42] M. Pixel, "Line Spiral Rotation Rotated Background Swirl licensed under Creative Commons CC0 1.0 Universal (CC0 1.0) Public OUP CORRECTED PROOF – FINAL, 30/01/20, SPi Bibliography 343 Domain Dedication," Available at: https://www.maxpixel.net/Line-Spiral-Rotation-Rotated-Background-Swirl-2721735. Accessed June11, 2019.

[43] K.-i. Kawasaki, "Proof without Words: Viviani's Theorem," *Mathematics Magazine*, vol. 78, no. 3, p. 213, 2005.

[44] J. Hollander, "The Road Not Taken," in *Frost*, New York: Alfred A. Knopf, 1997, p. 136.

[45] International ISBN Agency, "International ISBN Agency," About ISBN, 2014. Available at: https://www.isbn-international.org/content/ whatisbn. Accessed May 20, 2019.

[46] H. Scarf, "Fixed-Point Theorems and Economic Analysis: Mathematical Theorems Can Be Used to Predict the Probable Effects of Changes in Economic Policy," *American Scientist*, vol. 71, no. 3, pp. 289–96, 1983.

[47] American Cancer Society, "Limitations of Mammograms," 2019. Available at: https://www.cancer.org/cancer/breast-cancer/screening-tests-andearly-detection/mammograms/limitations-of-mammograms. html. Accessed June 13, 2019.

[48] M. Le, C. Mothersill, C. Seymour, and F. McNeill, "Is the False-positive Rate in Mammography in North America Too High?" *British Journal of Radiology*, vol. 89, no. 1065.

[49] American Cancer Society, "Understanding Your Mammogram Report," 2019. Available at: https://www.cancer.org/cancer/breast-cancer/screening-tests-and-early-detection/mammograms/understandingyour-mammogram-report.html. Accessed June 13, 2019.

[50] H. Ohanian, *Einstein's Mistakes*, New York: W. W. Norton & Company, Inc., 2008.

[51] A. Calaprice, *Dear Professor Einstein: Albert Einstein's Letters to and from Children*, New York: Prometheus Books, 2002.

[52] A. Calaprice, *The Ultimate Quotable Einstein*, Princeton: Princeton University Press, 2011.

[53] New York City Economic Development Corporation, "NYCEDC—Economic Research and Analysis," NYCEDC, 2019. Available at: https://www.nycedc.com/economic-data/july-2013-economic-snapshot. Accessed March 15, 2019.

[54] D. Banegas and C. Stark, "Klein Bottle is a Real Natural in the Zoo of Geometric Shapes," National Science Foundation, October 7, 2008. Available at: https://www.nsf.gov/discoveries/disc_summ.jsp?cntn_id=112392. Accessed April 5, 2019. OUP CORRECTED PROOF – FINAL, 30/01/20, SPi 344 Bibliography

[55] K. Reidy, "Salvador Dalí and the Hypercube," *Scientific American*, March 8, 2018. Available at: https://blogs.scientificamerican.com/observations/salvador-dali-and-the-hypercube/. Accessed June 15, 2019.

[56] G. Gibbs, "Bang! Math Professors Prove TV Show Theory About the Number 73," *The Dartmouth*, May 2, 2019. Available at: https://www.thedartmouth.com/article/2019/05/bang-math-professors-prove-tvshow-theory-about-the-number-73. Accessed June 13, 2019.

[57] E. Specht, "The best known packings of equal circles in a square (up to N = 10000)," Otto von Guericke, June 21, 2018. Available: http://hydra. nat.uni-magdeburg.de/packing/csq/d1.html. Accessed May 4, 2019.

科普漫遊 FQ1076

數學是最好的人生指南：
從幾何學習做事效率、混沌理論掌握不比較的優勢、用賽局理論與人合作……
在46個數學概念的假設、探索與迷失中，經驗美與人生
How to Free Your Inner Mathematician: Notes on Mathematics and Life

原著作者	蘇珊・達格斯提諾 (Susan D'Agostino)
譯　　者	畢馨云
副總編輯	謝至平
責任編輯	鄭家暐
行銷企畫	陳彩玉、林詩玟、陳紫晴、林佩瑜、葉晉源
封面設計	陳文德
排版設計	丸同連合

出　　版	臉譜出版
發 行 人	涂玉雲
編輯總監	劉麗真

城邦文化事業股份有限公司
台北市中山區民生東路二段141號5樓
電話：886-2-25007696 傳真：886-2-25001952

發　　行　英屬蓋曼群島商家庭傳媒股份有限公司城邦分公司
　　　　　台北市中山區民生東路二段141號11樓
　　　　　客服專線：02-25007718；25007719
　　　　　24小時傳真專線：02-25001990；25001991
　　　　　服務時間：週一至週五上午09:30-12:00；下午13:30-17:00
　　　　　劃撥帳號：19863813　戶名：書虫股份有限公司
　　　　　讀者服務信箱：service@readingclub.com.tw
　　　　　城邦網址：http://www.cite.com.tw

香港發行所　城邦（香港）出版集團有限公司
　　　　　香港灣仔駱克道193號東超商業中心1樓
　　　　　電話：852-25086231
　　　　　傳真：852-25789337

馬新發行所　城邦（馬新）出版集團
　　　　　Cite (M) Sdn Bhd.
　　　　　41-3, Jalan Radin Anum, Bandar Baru Sri Petaling,
　　　　　57000 Kuala Lumpur, Malaysia.
　　　　　電話：+6 (03)90563833
　　　　　傳真：+6 (03)9057 6622
　　　　　讀者服務信箱：services@cite.my

一版一刷　　2023年2月

ISBN　978-626-315-235-9（紙本書）
ISBN　978-626-315-237-3（EPUB）

定價：450元（紙本書）
定價：315元（EPUB）

國家圖書館出版品預行編目(CIP)資料

數學是最好的人生指南：從幾何學習做事效率、
混沌理論掌握不比較的優勢、用賽局理論與人
合作……在46個數學概念的假設、探索與迷
失中，經驗美與人生/蘇珊．達格斯提諾(Susan
D'Agostino)著；畢馨云譯.— 一版.—臺北市：臉
譜出版，城邦文化事業股份有限公司出版：英屬
蓋曼群島商家庭傳媒股份有限公司城邦分公司發
行，2023.02
364面；14.8×21公分.—(科普漫遊；FQ1076)
譯自：How to free your inner mathematician : notes
on mathematics and life
ISBN 978-626-315-235-9(平裝)

1.CST：數學　2.CST：思考　3.CST：通俗作品

310　　　　　　　　　　　　　　111019005